U0010586

最佳寵物蛇
玉米蛇

豹斑蛇屬的飼養與照護指南！

菲利浦‧玻瑟（Philip Purser）◎著

翁菀妤◎譯

晨星出版

目錄

第一章

認識
玉米蛇

什麼是玉米蛇呢？這個問題聽起來也許很簡單，但真要答起來可不那麼容易。首先可以說，玉米蛇是一種屬於游蛇科蛇種之下的蛇，這種蛇通常蛇身細長、富有肌肉，僅少數有毒。除了南極洲以外，游蛇科可說是在世界各個角落都存在著。另外一點是，牠們並不會長到像一些蚒屬蛇類及蟒蛇那樣大。到目前為止，游蛇科蛇種是世界上數量最多的蛇，目前已知現存的蛇種有 3000 種，游蛇科蛇種就佔了其中 75％以上。

名字有什麼關係呢？

某些愛好者猜測，玉米蛇（corn snake）之所以最常被稱為玉米蛇，可能是因為其與玉米穀倉及農場的緊密關聯性而來，畢竟在這些地方經常能見到玉米蛇的身影；但也有可能是因為牠們身上炫目的色彩而得名，那很容易讓人聯想到印度玉米那由純紅色、黃及橘黃交織而成的玉米核。拉丁語命名法首先給予牠的是 *Elaphe guttata guttata* 這個名稱，翻譯意思為「斑點及斑紋鹿皮」，指的是玉米蛇那有著斑駁色彩蛇身，以及牠那細緻且有如皮革般平滑的蛇鱗。

再說得更具體一些，玉米蛇是鼠蛇的一種，以優異的獵捕齧齒動物能力而聞名。鼠蛇首次出現是在約 5500 萬年前化石記錄之中，目前則在北美洲、歐洲及亞州都能看到其身影。嚴格來說玉米蛇是種北美洲生物，保守估計已經以目前的型態存在了約 2500 萬至 3000 萬年左右。在北美洲，牠們通常會以極大的數量出現，而且就跟所有鼠蛇一樣相當神秘，實際數量仍然未知。

說明與描述

自紐澤西州南部到佛羅里達礁島群，往西跨越伊利諾州及密西西比河谷，在這些區域中，玉米蛇的色彩及大小各不相同。就拿我居住的喬治亞州來打比方，大約有三種不同顏色的玉米蛇。在喬治亞州北部，這些蛇的蛇身以灰至灰白為底色，點綴著茶褐色、銹黃褐色的鞍紋，且在背側（側邊及背部之間）有著橘中帶黃的斑點。而在喬治亞州東部，蛇身上鞍紋及斑點雖無差異，但底色卻是鐵鏽色至橘中帶褐的顏色。如果到喬治亞州南部探索一番，會發現蛇身為純橘中帶紅色的玉米蛇並不罕見，牠的鞍紋與其底色並無差異，僅在鞍紋邊有著黑色邊緣紋路。若說到最完美呈現此色階的蛇，那就是來自南卡羅來納州的歐基提玉米蛇（Okeetee corn snake）了。歐基提玉米蛇有著深橘紅底色的蛇身，背側鞍紋則帶有清晰的黑色邊框。幾乎所有玉米蛇

有幾種當地玉米蛇變異，包括深紅色的歐基提玉米蛇(下圖)，以及銀色邁阿密相玉米蛇(上圖)。

的腹部都呈現清晰的棋盤狀黑白方格圖案，但在佛羅里達州極南端出現的個體，則可能會呈現橘中帶黃，且無方格的樣貌。

對研究蛇類的專家而言，蛇鱗的數量和排列對於區分其屬於哪一物種而言相當重要。有許多蛇種看起來很相似，但其實卻有著不同數量及排列的蛇鱗。玉米蛇的蛇鱗細節非常簡單。牠的頭部由九組稱為「板（plate）」的專有鱗片所覆蓋著，包括：兩片內鼻鱗、兩片前額鱗、單片額鱗、兩片眼上鱗及兩片顱頂鱗。而蛇背則由 27 至 34 排的微弱龍骨鱗片所覆蓋。也就是說，每個鱗片的中央都覆蓋著一個微弱的脊或龍骨。肛板（anal plate）則被區分開來。

牠的蛇身形狀就像一條麵包，有著扁平的底部、垂直的邊緣及圓頂。這樣的肌肉分布使得玉米蛇成為技術高超的攀登者。和許多蛇類一樣，玉米蛇的肌肉和鱗片極其適合在樹梢上迅速且優雅地移動。玉米蛇非常靈敏，事實上，有觀察者發現牠們的下半部會緊纏住樹枝，而牠們身軀前半部則明顯盤繞成環狀，猛烈而迅速地抓住蝙蝠的翅膀。

狩獵及捕食

在牠們的生態系統中，玉米蛇是技術高超的捕食者，透過捕食牠們所能征服的任一種恆溫動物而存活。包括小鼠、大鼠、花栗鼠、田鼠、鼯鼠、齣齬及幼兔在內，都是牠們的潛在獵物。玉米蛇偶爾也會吃蜥蜴，尤其幼體玉米蛇更是如此。牠們也會冒險潛入樹梢、穀倉閣樓、頂樓，甚至是直立的磚牆上，尋找築巢的鳥類或其鳥蛋來進食。

玉米蛇會藉其獨有的腹鱗，以及強而有力的肋肌來爬行。這些鱗片的邊緣十分堅硬且堅固，足以抓住樹皮或水泥磚牆，並讓蛇類在牆面至地面上移動。所有北美鼠蛇都以這種方式來爬行。玉米蛇會束緊獵物以將其殺死。當獵物靠近時，玉米蛇會衝上前咬住該動物，該動物會被玉米蛇那彎曲的牙齒咬得死緊。在接下來的幾秒內，玉米蛇會將自己纏繞在獵物身上，並開始束緊。原本人們以為，玉米蛇這麼做是想藉由碾碎獵物的骨頭來粉碎牠，但其實並非如此。這種束緊的動作會為獵物的

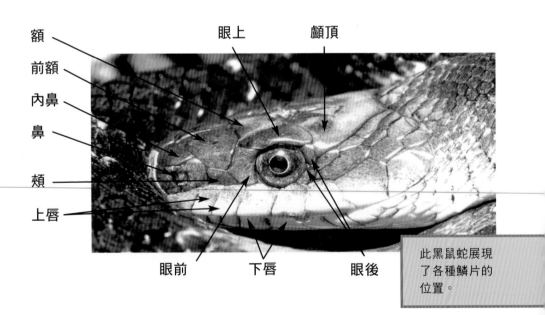

額

前額

內鼻

鼻

頰

上唇

眼上　　　　顱頂

眼前　　　　下唇　　　　眼後

此黑鼠蛇展現了各種鱗片的位置。

鱗片術語

蛇身上許多鱗片都有名稱，以供科學家及其他
專家們，用來使蛇類解剖學、分類學及其他科目的討論變得更加容易。下
列是這些鱗片名稱的部分詞彙表。

肛鱗（anal）：覆蓋住肛門的鱗片。在鼠蛇中有所區分。

額鱗（frontal）：頭頂部的鱗片，雙眼之間。鼠蛇僅有一片。

下唇鱗（infralabials）：較下方「唇部」的鱗片（雖然真要說起來，蛇並沒
有嘴唇就是了）。

內鼻鱗（internasals）：頭頂部的鱗片，位於鼻孔之間。

頰鱗（loreal）：頭部側邊的鱗片，位於鼻與眼前之間。

鼻鱗（nasal）：頭部側邊的鱗片，環繞著（至少部分環繞）鼻孔。

顱頂鱗（parietals）：頭頂的鱗片，位於額及眼上後方。鼠蛇有一對這種鱗片。

眼後鱗（postocular）：頭部側邊眼睛後方的單數或複數鱗片。

前額鱗（prefrontals）：頭部頂部，內鼻後方的鱗片（鼠蛇有兩片）。

眼前鱗（preoculars）：頭部側邊，眼部前方的鱗片。

吻鱗（rostral）：口鼻部前端的鱗片。

尾下鱗（subcaudals）：尾巴下側的鱗片。雄性比雌性有更多這種鱗片。

上唇鱗（supralabials）：較上方「唇部」的鱗片。

眼上鱗（surpacoulars）：眼部上方的鱗片。

腹鱗（ventrals）：位於腹部的鱗片。

內部系統帶來巨大的壓力，導致其窒息。由於肺部無法吸入氣體，獵物
就會試著要去呼吸，而這時玉米蛇就會再束得更緊，最終，獵物的心跳
就會停止。這種壓縮的行為是種有效處死獵物的方式，且也最小幅度地
消耗玉米蛇的能量。

再談到感官方面，玉米蛇的嗅覺相當靈敏。在玉米蛇上顎頂的腔
孔中，有個叫做鋤鼻器的嗅覺感覺器官，它會記錄下黏附在不斷輕彈的

玉米蛇和其他鼠蛇都是技術高超的攀登者。大部分鼠蛇會獵捕鳥類和鳥蛋來進食。

舌頭上的氣味顆粒。這個器官會認出某個區域中曾經出現或現存的獵物及配偶。人們普遍認為，玉米蛇的嗅覺比我們人類還敏銳上許多倍。玉米蛇在嗅出獵物存在後，就會依靠著牠那對移動相當敏感的視覺來找出齧齒動物或鳥類，並直接發動攻擊。

玉米蛇當寵物

人工飼養玉米蛇的要求較低，就算是由最缺乏經驗的愛好者來照顧，牠也能在這種環境下茁壯成長。因此，對年輕愛好者或初學者而言，若初次想嘗試飼養蛇類，玉米蛇可說是最佳選擇。就連動物園、州立公園以及自然中心等，都時常用溫和討喜的玉米蛇當做展示動物。在一大群好奇

最佳寵物蛇

在飼養蛇類及其他爬行動物方面，我有著超過25 年的經驗，說是曾經看過、處理過各種在陽光底下生活的蛇類也不為過。所以每當有人問我推薦養哪一種蛇類當寵物時，我總是會給出相同的答案：「玉米蛇是最佳選擇」，從我的專業意見看來，這個物種是所有愛好者能買到的最佳寵物蛇了，因為玉米蛇可說是美麗與強壯的完美結合，更遑論那無法抗拒的蛇紋魅力。

心滿滿的孩子們撫摸玉米蛇時，牠總是安靜地將自己盤繞起來躺在那，展示用的玉米蛇通常很少會表現出任何侵略的跡象，就算有，牠也是所有蛇類中最好對付的一種。

有很多蛇類飼主會抱怨他們的寵物有餵養方面問題。在人工飼養的環境中，發生在許多蛇類身上的嚴重問題就是拒吃食物，但就如同料想的那樣，這個問題很少發生在玉米蛇身上。

從牠們孵化的那天起，直到逝世前往天空中的大飼育箱那天，人工飼養的玉米蛇都會欣然接受他人餵給牠們的任何恆溫佳餚。就連冷凍或解凍的食物，牠們都會將其視為新鮮的食物般吃掉，玉米蛇真的能讓餵食的時光變得十分輕鬆。老實說，料理玉米蛇的晚餐還沒有料理自己的晚餐難呢。

玉米蛇是種長壽的動物，有著超過 32 年的超長壽紀錄，人工飼養的玉米蛇毫無疑問可以成為人類的長期小夥伴。但是購買玉米蛇，把牠當成寵物來養是個重大決定，不應該隨意決定或因一時興起而購買。這些動物會很自然地為飼主們帶來許多年的歡樂時光，但同時牠們也應該要從飼主身上得到應有的忠誠對待以及承諾。

玉米蛇有著可控制的尺寸、不費力的要求、溫和的脾性以及驚人的美麗外表，因此牠可說是最佳寵物蛇。

學名

各位可能也已經注意到了，有時在動物名稱後面會出現斜體字。那就叫做學名，每種動物只有一個學名。生物學家根據某動物與何種其他動物有關來決定每種動物的學名。每個學名都由兩個部分組成：第一部分是「屬名」，而第二部分則是「種小名」，每種動物都有專屬的屬名與種小名的組合。學名的存在，使得全世界的科學家可以在談論某種動物的時候，不用擔心語言隔閡，也不會把他們想要談論的動物和其他相似動物混淆。

學名通常會在第一次使用後以縮寫來表示，會將屬名縮寫至剩下第一個字母。因此，在介紹玉米蛇的學名是 *Pantherophis guttatus* 之後，就會將其簡稱為 *P. guttatus*。若作者要討論的是在這個屬名之下的所有鼠蛇，那他可以直接稱其 *Pantherophis*，而不用加上種小名。有些動物的名字由三個字組成，這就表示該動物是亞種，而亞種的意思，指的是該物種內不同變異的存在。

成長及壽命

由於購買寵物是一項重大的決定，且必須負起長期的責任，所以愛好者必須了解寵物的生長速度、生長尺寸以及寵物們的壽命長短。各位可以想像一下，若某個愛好者因一時興起而買了隻網紋蟒寶寶，事後才發現原來這是世界上最大的蛇種，而且能長到 20 英呎（6.1 公尺）左右，那該是怎麼樣的情況！

幸運的是，玉米蛇的蛇身尺寸一生都處於可控制的範圍內。最小的成年玉米蛇（來自佛羅里達州極南部的玉米蛇）可能不會超過 30 至 36 英吋（76.2 至 91.4 公分）長，而就連最大的玉米蛇，也就是大西洋中部各州的原生種，也很少超過 74 英吋（188 公分）。玉米蛇是種光

請承諾照顧你寵物玉米蛇的一生——這也許會長達30年之久。圖為直線玉米蛇。

滑且流線型的動物，所以就算是很大隻的玉米蛇，只要盤繞起來後，也可以輕易地讓成年人們捧在手掌上。玉米蛇有著適中的身材，使牠成為孩子及愛好者們的魅力首選，畢竟這些人可能因為空間有限的關係，無法分出更多空間來給寵物們居住。而這個物種的身材嬌小，確保了玉米蛇不需要進食像兔子或豚鼠般的巨型食物，畢竟那樣一來開銷可是相當高昂。

儘管玉米蛇的體積相對來說較小，但如果養得好，可是會以極其驚人的速度成長。幼體玉米蛇新陳代謝極佳，大約可將三分之一的食物轉化為身體質量。舉例來說，如果幼蛇吃掉了 9 盎司（255 公克）的食物量，將會增加 3 盎司（85 公克）的體重。牠們在長度方面的增長也十分迅速，一隻 10 英吋（25.4 公分）左右的幼蛇，要長到40 英吋（101.6公分）左右僅需 18 至 24 個月。 當然這指的是玉米蛇一生中的前兩年而已，那時牠們的生長速度是非常快的，但在那之後將會大幅減緩。一隻長到 40 英吋（101.6公分）約 2 歲大的蛇，在接下來

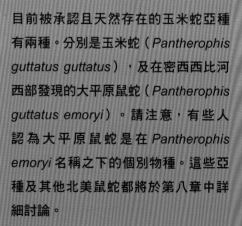

玉米蛇亞種

目前被承認且天然存在的玉米蛇亞種有兩種。分別是玉米蛇（*Pantherophis guttatus guttatus*），及在密西西比河西部發現的大平原鼠蛇（*Pantherophis guttatus emoryi*）。請注意，有些人認為大平原鼠蛇是在 *Pantherophis emoryi* 名稱之下的個別物種。這些亞種及其他北美鼠蛇都將於第八章中詳細討論。

的 3 至 5 年間，可能只增加 20 至 25 英吋（50.8 至 63.5 公分），甚至更少。雖然在牠們成年後期的成長率相當微小，但這些蛇類的一生將會不斷地成長，甚至是已經很年邁的蛇，在幾年間都會增長 1 至 2 公分左右。

說到年齡，很重要的是要知道玉米蛇可以活很長的時間。我個人遇過的最長壽命是在 31 歲左右，但報告指出更高齡一些的個體也是有的，不過這並不是平均年齡。健康且受到良好照顧的玉米蛇通常能活到 20 至 25 歲左右，也就是說，如果你在 20 歲買了一隻幼體玉米蛇，而你也能好好地照顧牠的話，那麼你可以期待一下，到你 40 歲中期牠都還能陪伴著你呢！

為了確保能在玉米蛇飼養的領域中，獲得最佳、最有益且最長期的體驗，我會建議所有愛好者，最好是要購買已經受過人工飼養照顧過的動物，購買時機應是在牠約 3 至 6 個月大時。因為購買這樣的動物，能讓你看到你新寵物成長到成熟的各種生命階段，同時也讓你與你美麗的新玉米蛇能相伴更多年時光。同時，這個年紀的玉米蛇已經不是嗷嗷待哺的幼蛇，因此對小型食物的需求也不迫切。

名稱遊戲

在這本書所有頁數之中，我會單單把玉米蛇稱為 *Pantherophis guttatus guttatus*。對於任何新接觸這個愛好的新人而言，認識這個拉丁名稱應該完全沒有任何問題。但對經驗豐富的愛好者來說，這種全新且完全不同的命名法可能就會有些難以習慣了。

該屬首次被認證是在 1833 年，自那時起玉米蛇被稱為 *Elaphe guttata*（在此之前被稱為 *Coluber guttatus*）。那是種超過 170 年的命名法，目前已不再受普遍認可。2002 年時，某篇文章出現，說服了許多科學

家、愛好者以及專業飼養員，是時候該改變名稱了。雖然這對許多愛蛇者而言無疑是種衝擊，但這個名稱的改變具有科學根據的理由。

在《俄羅斯兩棲爬行動物學期刊》（*Russian Journal Of Herpetology*）中，烏爾斯・吉格（Urs Utiger）和他的團隊發表了他們的發現，也就是北美錦蛇屬（*Elaphe*）鼠蛇與其歐洲及亞洲錦蛇屬相似物種，並非完全屬於同一種類。他們的結論是，所有北美物種都不該再被歸為錦蛇屬，反之，他們將一個較老的種類重新使用，也就是豹斑蛇屬（*Pantherophis*），以此來稱呼北美物種。這個名稱的改變，並不影響那些屬於鮑氏蛇屬（*Bogertophis*）及 *Senticolis* 屬的北美鼠蛇物種。

我們要牢記在心的是，這些命名法的變更並非鐵的紀律，愛好者們可以自行決定更偏好使用哪一種系統的命名法。只是要記得，在 2002 年以前的所有文獻、文章及書籍等，都會將這些北美鼠蛇稱為錦蛇屬。不管哪一個名稱更為準確，對感興趣的愛好者而言，最好還是要熟悉與這些蛇類有關的分類系統，不論新舊。

第二章

玉米蛇
飼育箱

從飼養員手上轉移到寵物店,再從寵物店把玉米蛇帶回你家,而且在你建造牠新家的過程中,讓牠可以不用 3 至 4 小時都待在暗暗的箱子或枕頭套裡,是一段很緊張的過程。因此,在購買玉米蛇前先購買材料來設置牠的新家,是飼養玉米蛇的基本規則。就算剛開始幾週牠需要先住在檢疫箱中,但從牠抵達你家的那一刻起,你就應該要提供你的蛇一個溫暖、安全且穩妥的地方讓牠得以居住。

籠飼

由於玉米蛇不會像其他蛇類那樣長得巨長無比，有的玉米蛇可能一生都待在不超過 75 加侖（284 公升）的飼育箱。不過你還是能為寵物的一生提供盡可能多的空間，畢竟如果一直在狹隘的住所中生長，可能會讓玉米蛇感到壓力。

有個很棒的經驗法則是，提供給你玉米蛇的飼育箱，要讓牠能完全伸展開來，並且不會碰觸到玻璃。舉例來說，一隻 30 英吋（76.2 公分）長的玉米蛇，在至少 36 英吋（91.4 公分）寬的箱子中就會過得不錯。寬度和高度也是主要的考量，因為蛇類是天生的攀登者，過低的飼育箱所提供牠們的垂直空間不如較高的箱子那麼多。如果你有個房間，能放下 72 英吋寬、24 英吋高（183 公分寬、61 公分高）的玻璃飼育箱（約 125 加侖或 473 公升），那就能提供一隻或一對玉米蛇於人工飼養中所需的最佳空間。對蛇而言，居住在如此寬敞的住所中，簡直就不像是人工飼養的感覺了。

當然，不是所有愛好者都會用玻璃水族箱來養寵物蛇。未來潮流是壓克力（有時也稱為壓模塑膠）兩棲爬行動物專用飼育箱。這些重量輕、高耐用的箱子至今已經發展了好幾年，而且好像每次你再去看看，都能發現它以更新、更棒的樣子進入市場。這些壓克力飼育箱最棒的地方，

有了額外的熱源以及安全的箱蓋，這種水族箱將成為這雪白玉米蛇最合適的家。

就是它們並不是好幾個獨立的箱子，而更像用一個大型飼育箱連結了裡面的獨立組件，每一個組件之間都能互相堆疊，也能與其他設計適合彼此的箱子相扣。

愛好者及飼養員們經常使用壓克力鞋盒，來飼養幼體及幼年玉米蛇。

　　壓克力飼育箱是由耐用性高、耐熱且耐化學的聚乙烯所製成。某些款式的側邊和後面都是不透明的，但全透明的款式也很常見。這些箱子重量很輕（比相同體積的玻璃箱輕很多），並且有模製孔、槽，可輕鬆容納燈光及加熱裝置；有些款式甚至有內建的燈管套。這種箱子的正面通常由透明拉門或壓克力門組成，而大部分的款式都附有鎖頭。當然，這些方便且科技十足的箱子，比起良好的舊款玻璃飼育箱還貴上許多。

　　如果你加入這個愛好圈已經有好一陣子，那你肯定有聽過，別人說他們把自己的蛇類養在毛衣盒或鞋盒裡。這種盒子在各大百貨公司及五金行都能找到，這種塑膠盒子不但重量輕，而且還有合適的蓋子，成本也遠低於其他飼養屋。別人是拿這些箱子來裝冬季衣服和舊鞋，而我們這些愛好者，則學會快速且簡單地把這些物品轉換成低成本的兩棲爬行動物屋。只要簡單地在盒子的側邊或蓋子上鑽，或熔出一些小洞以供通風，並在底部的一端貼上一個箱底加熱墊，再將蓋子牢牢地固定在上方，你就可以蓋出一個堅固、耐用且超便宜的玉米蛇屋。有一些寵物用品公司已經開始製造這種款式的箱子，並且會事先鑽好通風孔。有許多種類的兩棲爬行動物，在這種簡單圍住的屋子中會感到壓力及痛苦，但對好養的玉米蛇而言，要適應卻不是什麼大問題，只要記得定期把牠拿出來讓牠活動一下就好。

底材

在選好新玉米蛇要居住的住所後，你就要來決定要使用哪一種底材。可別被「底材」這個詞給騙了，它聽起來是很複雜的東西沒錯，但其實底材換句話說，就是你要用什麼材料來墊成地板或床而已。

說到底材，有兩個主要的思想流派：天然及人造。這兩種都有自己的優缺點，且兩種都很適合用來長期飼養一或多隻玉米蛇。

天然底材

天然底材顧名思義就是天然的底材，可以用椰子殼、樹皮碎片、覆蓋料等來製成。天然底材與野生玉米蛇習慣的環境相似，幾乎所有玉米蛇都能在這天然的床上茁壯成長，只要底材保持著不要過濕就行。就我個人看來，將幾種天然底材混合在一起，會讓飼育箱看起來有很天然的外觀，這點很棒。我建議將某些爬行動物的樹皮床與椰子殼碎片混合在一起，這些材料都能在大部分有爬行類及兩棲動物的寵物店中找到。將混合底材堆積成至少 3 英吋（7.6 公分）深的底層。這是因為有些玉米蛇喜歡挖出自己的藏身處，而這個深度的床剛好能讓你的玉米蛇做這件事情。

天然底材的缺點就是比較難清潔，有時可能是藏著過多水分、細菌，最常見的就是藏著排泄物。而且天然底材往往也比一些人造底材還要更昂貴。

> ## 不要 在玉米蛇 的家中放置地毯
>
> 有些愛好者會從室內／室外地毯上剪下一個方形，來放置在飼育箱裡面。但我的建議是不要使用地毯，因為它的尼龍線可能會纏住玉米蛇，尤其是幼年玉米蛇，這很可能會壓迫到血液流通。此外，要清理這種底材也蠻困難的。

人造底材

在清潔方面，人造底材比起天然底材來就比較好清理了。使用報紙、普通白色衛生紙、回收報紙床，或者被稱為「lizard litter」的顆粒床都是非常好的選擇。

人造底材大多能吸收異味、維持少量濕氣，而且要是髒了的時候，也可以很簡單地扔掉或替換。對生病

一隻居住在回收報紙床上的貝爾德鼠蛇。這種底材愈來愈受愛好者及飼養員們喜愛。

或身體不舒服的玉米蛇，最好是將其放置在幾層柔軟衛生紙疊起來的床上，這種底材能在動物處於恢復期及觀察期時，更好地去查看牠們。主要的缺點就是人造底材較不美觀，畢竟看到一隻 5 英呎（1.5 公尺）長的歐基提玉米蛇，就這樣盤繞在星期天的報紙上，似乎不那麼好看。

應避免使用的底材

不管你決定使用哪種底材，還是有不論如何都必須要避免的材料。包括太過粗糙或尖突的石頭，例如熔岩石就是，它可能會劃傷、割傷，或對你的玉米蛇造成其他擦傷。松木和雪松刨片也是絕對不可以使用的材料。因為玉米蛇具有十分靈敏的嗅覺，松木和雪松刨片所散發出的油脂和重樹脂味，會對玉米蛇的嗅腺造成嚴重刺激。長期暴露在這種底材之下，可能會對你的玉米蛇造成永久且不可逆的傷害。我也建議，不要使用小型水族箱卵石或沙子來當底材，因為這些東西可能會跟食物一起被玉米蛇吃掉，這可能導致玉米蛇的腸子受到影響。而且排泄物也會藏

消除不良因素

未經處理的天然裝飾，或來自戶外的底材可能藏有黴菌、真菌類，也可能住有一些寄生蟲。在將任何天然擺設放入玉米蛇的飼育箱之前，請記得都要先進行熱處理。

在裡面，結果就是造成細菌孳生。

最後要避開的底材就是印刷紙巾。因為印刷紙巾上的染料通常具有腐蝕性和刺激性，所以在經過長時間的暴露後，這些製劑會對玉米蛇的皮和鱗片造成輕微至嚴重不等的傷害。

擺設及裝飾

為你的玉米蛇屋選擇擺設，就像選擇底材一樣。你可以選擇在美觀角度看來賞心悅目的天然環境，你也可以選擇就清潔而言更方便的人造擺設。天然物品可能包括一些大型石頭、漂流木板、松蘿菠蘿團、攀爬樹枝、松果、空心原木或任何其他與這些東西有關的物品。許多天然物品都可以在你居住地的寵物店中買到，且在包裝送交前就已經先清潔過了。這種處理很重要，因為當這些物品從野外被放入飼育箱後，通常會藏著某些類型的寄生蟲、真菌及細菌。雖然放在自然環境中來看，它們的威脅性不大，但在人工飼養的環境中，這些微小的生物可能會以感染或嚴重刺激的方式為你的玉米蛇帶來問題。

在將這些從野外收集的物品放入飼育箱前，是需要經過妥善處理的。透過使用以下「配方」來進行處理，你就能在家中自己給這些物品消毒了：

1. 用鋁箔紙包裹住所有天然物品。
2. 將它們放入烤箱中。
3. 將烤箱設置為 250°F（122.1°C）
4. 將物品烘烤 45 至 65 分鐘。
5. 將物品放涼 4 至 6 小時後，再放入飼育箱內。

以 250°F（122.1°C）的溫度（這個溫度實際上並不會讓你的木製物品燃燒），來烘烤所有聚集起來的木頭、磚塊及石頭等，這將能確保消除居住在這些物品中的大部分微生物。如果你的物品太大無法放入烤箱，那麼請用滾燙的熱水完整地清洗它，並將其放置在陽光下晾乾數日後，再放入飼育箱內。

以你喜愛或你的玉米蛇可能會享受的方式去設置飼育箱。請記得，你的蛇需要一到多個可攀登的牢固樹枝，牠們也喜歡開放式地面及有著密集覆蓋物的區域。舉例來說，將一個掩藏箱和可攀登的樹枝，放置在飼育箱的某一端，而另一端維持成開放區域，這將能提供玉米蛇一個多樣化的棲息地。但是太多開放區域或飼育箱過於雜亂，將會為你的玉米蛇帶來壓力。

植物

有很多愛好者會想把活植物放入玉米蛇的飼育箱內。雖然活植物可能很吸引你，但我的專業建議是不要使用它們。不

有一塊能攀登的樹皮會讓鼠蛇感到很開心。如圖中的白化黑鼠蛇所示。

僅是因為無法對活植物進行熱處理來消除有害的微生物，也因為成年玉米蛇的移動，可以在幾天內就摧毀最茁壯的室內植物。

另一方面而言，人造植物可說是爬行兩棲動物的天賜之物。它們不但耐用、吸引人、容易清理，且塑膠植物還有多種尺寸、形狀和顏色，可符合任何愛好者的喜愛。有些甚至還附帶有吸盤附屬物，可以黏附在你飼育箱的牆上，幾乎能將它們放置於任何角落。另外，若將由濃密叢生的人造植物包圍的可攀登樹枝至於頂部，很可能會快速成為你玉米蛇最愛的地點，因為它仿造出了玉米蛇在大自然中的環境。人造蕨類植物、藤蔓及其他闊葉植物，可以為你的飼育箱增加一定的隱蔽度及自然元素。

藏身處

就飼養玉米蛇的容器而言，足夠的藏身處是不可或缺的部分。在野外生活中，玉米蛇透過躲避潛在捕食者而存活下來，若牠們找不到一個黑暗且密閉的藏身處來躲避時，牠們就會感覺自己被暴露、瀕死且面臨嚴重壓力。對無法躲藏的野生玉米蛇而言，幾乎沒有存活的機會，因此就算是你人工飼養的寵物，也絕對不會因為自己是住在飼育箱內，就忘了這超過 2500 萬年的本能。

在人工飼養的環境中，有很多不錯的東西可以用來做成躲藏處：陶罐、軟木樹皮厚片、空心原木、市售躲藏盒、壓克力原木或人造樹樁，幾乎所有不透明，且大到可以讓玉米蛇完整藏匿其中的東西都可以。有許多愛好者會使用 PVC 管（聚氯乙烯管），這在各大五金行都能買到，PVC 管不只容易清潔還幾乎弄不壞，就算對很大隻的玉米蛇來說都會是絕佳藏身處。有些特別害羞的蛇類就會很喜歡 PVC 管藏身處，因為若將管子的其中一端埋在底材下方，再將另一方某部分暴露在底材之上，看起來就會有種天然地洞的感覺，有了如此安全的藏身處，就能讓

容易受驚嚇或緊張的玉米蛇感到更舒適。

如果足夠的藏身處被剝奪，玉米蛇肯定會感到緊張。藏身處不足的症狀包括慌張、快速且急迫地移動、在箱子中不斷徘徊，以及過度地磨蹭自己的鼻子等，甚至嚴重的情況下，還有些玉米蛇可能會拒絕進食。玉米蛇就跟大多數蛇類一樣，牠們將安全感視為最重要的事情，寧願餓死，也不願意在不合適的環境下進食。請在飼育箱周圍放置各種藏身處，以確保你的玉米蛇有足夠的躲藏空間。

安全

飼主不僅要讓飼育箱內的玉米蛇有安全感，還要做好安全措施，讓玉米蛇乖乖地待在自己的飼育箱內。因為玉米蛇們是完美的逃脫藝術家，就算飼育箱的蓋子上只留了個最小的縫隙，牠們也可以透過各種扭動、扭轉、擰動來逃脫，甚至會直接強行突破飼育箱的蓋口。因此鬆緊不合或是沒鎖緊的蓋子，通常會成為玉米蛇的絕佳逃脫通道。請確保蓋子上沒有洞口、縫隙或裂縫，且蓋子要能緊密、牢固地蓋在飼育箱上。畢竟玉米蛇可是出人意外強壯的動物，如果有個鬆緊不合的蓋子剛好有個角落能突破，牠們就會強行打開它，牠們也可能會直接衝開細篩或網蓋。所以在購買飼育箱時，請將這些可能逃脫點熟記於心，可別買到蓋子太鬆的飼育箱。

關於飼育箱安全的最後一點，就是要確保不會有意外訪客出現。比如可能會想吃掉幼年玉米蛇的家貓，或是你鄰居家那好奇心旺盛的 7 歲小男孩，在沒人注意的時候，他們可能會忍不住想玩你的蛇。因此用厚重篩網可能會是最佳的預防方式。

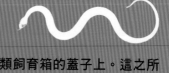

上鎖，而非上重量

糟糕的是，有種很常見的現象是許多愛好者會使用重物、書籍，或獎盃這樣的物品壓在蛇類飼育箱的蓋子上。這之所以是不好的做法有兩個原因，其一是因為在餵食或鏟出底材時，很容易忘記把重物放回去，或者是會「暫時」讓大門敞開；其二則是因為隨著蛇長大，牠們就會變得愈強壯。對於幼體玉米蛇或鼠蛇而言，可能前三年內壓兩本書在上面能防止牠們逃脫，但三年後可就不保證了。為了不要因為把寵物弄丟而心痛，請購買一個可以上鎖的蓋子。

照明設備

　　談到照明這件事，很多熱帶蛇類和蜥蜴類都有特定且費人心力的需求。好在鼠蛇並沒有，而且牠們的照明需求還很簡單。玉米蛇不需要紫外線（UV）燈光的幫助就能代謝食物和維生素，且在人工飼養的環境中，也絕對不需要任何特殊的紫外線燈泡。不過如果能在紫外線燈泡下照射的話，對蛇的心理狀況也有不可否認的好處。每天讓你的玉米蛇在紫外線燈下待個 3 至 4 小時，能使動物的整體行為和心理健康狀況有大不同。這些燈泡通常是白熾燈和螢光燈具，如果你買錯類型，紫外線燈可就會變成種危險了。記得只使用專門販售供爬行動物使用的類型，避免買到曬版燈泡、黑光燈，及其他所有非爬行動物專用燈具。

　　標準的白熾燈泡能照明整個飼育箱，同時也會產生大量熱度。將白熾燈放在箱子的某一端，就能提供你的蛇一個曬太陽的地點，雖然牠不一定會用就是了，畢竟曬太陽這件事很大程度取決於動物的喜愛度。有些玉米蛇很愛曬太陽，但也有些玉米蛇一看到燈打開，就馬上躲到自己的藏身處裡去找遮蔽物了。

　　反之，螢光燈具（非紫外線）能提供較廣泛的燈光，但產生的熱度就不如白熾燈泡那麼多。螢光燈具就算開一整天也沒關係，它們消耗的

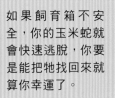

如果飼育箱不安全，你的玉米蛇就會快速逃脫，你要是能把牠找回來就算你幸運了。

能量較少，持久較長，而且能為飼育箱提供更柔和、更溫和且更平均的燈光。就算是那種很膽小、會躲開白熾燈的玉米蛇，也很少會躲掉螢光燈。如果是在寵物店、醫生辦公室或其他地點作為「展示用動物」的玉米蛇，那我會推薦螢光燈，因為它可以一整天長時間照明箱子。

溫度

玉米蛇就和所有蛇類一樣都是外溫動物，也就是牠們會根據周遭環境而調整自己的體溫。如果外面比較溫暖，玉米蛇就會變暖，但如果外面比較冷，那玉米蛇毫無選擇地也會變得冰冷。在飼育箱中，玉米蛇必須要保持暖和才能活下去、茁壯成長，並且擁有正常機能。這個熱能有很多來源，必須仔細調節才行。

不管你選擇用什麼方式來給玉米蛇飼育箱加溫，在箱子裡面你一定要在提供溫暖地帶的同時也提供冰涼地帶。箱子裡面若充斥著逃不掉的熱度，那麼可是能在幾分鐘內殺死玉米蛇的，而均溫較冷的箱子，也會導致蛇隨著時間經過而變得衰弱。

在野外環境中，玉米蛇會透過從較熱的地帶移動到較不熱的地帶，來調節自己的體溫，反之亦然。如果蛇類覺得太冷，牠可能會爬到陽光下烤得發燙的石頭上；覺得太熱的時候，牠們就會找尋涼爽、有陰影的地方讓自己冷卻下來。這種過程就叫做溫度調節，如果人工飼養的玉米

蛇要在你的照顧下成長茁壯，就要能自己調節溫度。記得箱子的半邊要是熱的，而另一邊要保持相對較冷、較陰涼的溫度，這樣你的玉米蛇才能在對的時間點調節溫度。

一年當中，在你玉米蛇的活躍期間裡面，飼育箱中最溫暖的溫度大概可至 82°至 84°F（27.8°至 28.9°C），而最冷應該到 72°至 75°F（22.2至 23.9°C）為止。如果你發現自己的寵物一直待在飼育箱比較熱的那端，那你就要想看看，是不是要把飼育箱內的環境溫度提高 1 至 3 度左右。你可以放兩個溫度計：一個放在玉米蛇曬太陽的那邊，另一個放在飼育箱中較冷的那邊，這有助於你將玉米蛇的棲息地調到準確溫度。

加溫方式

若要加溫飼育箱或想方便觀察玉米蛇，使用日光浴燈或加熱燈泡都是蠻好的方式。在飼育箱的某一端放置燈泡，就能設置出一個很棒的日光浴地點，而你需要的燈泡瓦數取決於飼育箱的尺寸。白熾燈泡可以提供最溫暖也最亮的燈光，

由於雪白玉米蛇缺乏皮膚保護色素，因此牠們不可在紫外線下暴露照射。

所以是用來做日光浴燈的最佳選擇。

第二種日光浴「燈泡」選項，則是陶瓷加熱設備。加熱燈是用纏繞著加熱線的厚陶瓷做成的燈泡型設備，而且能轉進去白熾燈插座裡面。由於它們能產生大量熱度，所以加熱設備只適合用在大型飼育箱裡面，也因為它們沒有照明功能，產生的熱度也過多，因此無法在小型飼育箱內使用。我只推薦已經能

熟練使用加熱設備的愛好者使用這些物品。陶瓷加熱設備對於初學者或兒童來說，要用來人工飼養玉米蛇的話，風險太大了。

箱底加熱墊是種很棒的加熱設備。這些薄墊可以貼合在飼育箱的底部，因此箱蓋下方就不會有繩子亂竄的問題。而加熱墊是由絕緣橡膠墊所組成，內含一些加熱線圈，能夠提供均勻且溫和的熱度，並從箱底擴散到飼育箱內。在飼育箱的某一端放置一到兩個箱底加熱墊，可以提供一個安全且穩定的加熱區，讓你的玉米蛇能不分日夜時刻維持自己的溫暖。如果你的玉米蛇很害羞，不願意在明亮的光線下做日光浴，那麼加熱墊絕對是完美的解決方案，因為它只提供了溫度，並不會提供光線。

濕度及通風

在飼養玉米蛇時，濕度也是另一個重要的考量因素。濕度過低會導致蛇鱗捲曲、脫落及缺水等問題。相反地，濕度過高則會導致皮膚感染、長黴菌及嚴重的呼吸問題，因此維持濕度的關鍵就是達到平衡。你需要購買溫度計和一些植物，並將這些物品放置於玻璃箱內的低處。

如果將溫度保持在72°至84°F（22.2°至28.8°C）之間，就能讓幼體玉米蛇茁壯成長。

比較良好的相對濕度（玉米蛇在野外時的自然濕度）應該是處於 60 至 70％之間。超過 70％或低於 55％的話，很快就會出現一些問題。好消息是，除非你住的地方是沼澤地區或沙漠，否則大氣的相對濕度其實都能讓你的玉米蛇成長茁壯。其他會影響飼育箱內濕度的可變因素，就只有你使用的底材、飼育箱內的液體含量（水盆的大小），以及飼育箱內的通風度。

像是報紙、沙子和乾樹皮屑片這樣的底材，則會降低飼育箱內的濕度，這就可能會導致蛇的皮膚及鱗片變乾、捲曲或乾裂。而像是泥炭蘚屬或護根層底材等，則可能會含有過多水分，而導致濕度過高。因此要讓濕度達到平衡的關鍵，就是要有個通風良好的飼育箱。通風的意思，就是指在飼育箱內流通的空氣量，這通常可以透過使用篩網蓋子覆蓋飼育箱而改善，因為篩網蓋子不僅能讓新鮮的氧氣流通進箱子內，還可以疏散水分及臭味。尤其是在飼育箱內布置大量有機物質、活植物及永久性水源，以形成精緻且逼真的生活環境時，就會產生像

不要使用熱岩石

愛好者們一度廣泛使用發熱岩石，或稱「熱岩石」的
石頭，但現在普遍認為用這種方式為爬行動物提供熱度並不好。不只是因為
要把電線插在插座上，再延伸進飼育箱內（這樣可能會在蓋子上留下隙縫，
讓玉米蛇有機會逃脫），也因為熱岩石的線路和結構通常都有些瑕疵。因為
是由高分子化合物外纏線圈形成中空的物品，熱岩石聚合物的某些部分可能
很薄，這就會在石頭上形成一個熱點，而這些熱點可能會達到極高的溫度，
這就會嚴重燒傷你的玉米蛇。少數玉米蛇可能會試著在熱岩石的邊緣挖洞，
進而卡在該處，並在短時間內死亡。除了不安全的這點外，熱岩石的效能
也很差；這種岩石只會使它周圍的區域變得溫暖，但對飼育箱的其他部分
並沒有加溫效果。由於諸如此類的原因，我強烈地建議，不要在玉米蛇飼
育箱內使用熱岩石。

氨這樣的有害氣體，且會聚集在飼育箱較低處，進而對你的玉米蛇造
成傷害。在這樣的飼育箱中，放置通風風扇來作為輔助會是個好方法，
因為風扇的運轉可以疏散這些有害氣體，並促進健康的氧氣流通。

如果你的玉米蛇停留在水盆處的時間過多，可能就表示飼育箱太乾或太熱了。

如果你發覺飼育箱太乾，導致玉米蛇
的鱗片捲曲或者脫水，那你可以在飼育箱
多加另一個水盆，當水分蒸發時就能增加
容器內的濕度了。若要留住流失的水分，
並且提高飼育箱內的濕度，那麼可以關閉
任一個通風風扇，並用玻璃紙蓋住蓋子
的三分之一就行了。幸好玉米蛇原就
住在較潮濕的環境中，所以能適應的
濕度範圍相當廣泛。

第三章

選擇玉米蛇

無庸置疑地，不管要養哪一種玉米蛇，最重要的時刻就是購買之時。如果你選擇了一隻健康的動物，那麼其他包括飼養、照顧及配種方面都會很好處理，也不會有什麼大問題。但萬一你買到虛弱、健康不佳或「低於標準」的玉米蛇，那可能就會踏上一條讓人疲憊的不歸路，因為不健康的動物在人工飼養的環境中，容易出現許多問題及併發症。好在要避免購買到「問題蛇」很簡單。因為玉米蛇生來就很健壯，也有抗病力，並且很適合當寵物來養。只要遵循一些簡單的規則及指南，你很快就能練出一雙挑選最佳玉米蛇的火眼金睛。

挑選健康的蛇

就蛇本身而言

　　「健康」這個詞看上去很簡單，但實際上要考量的因素實在太多了。首先是在行為舉止方面，這根據目標蛇的年齡和脾性而有所差異。在大自然環境中，玉米蛇是種很害羞的動物，只要感覺有任何潛在捕食者存在，就會很快地把自己藏起來。就幼體或幼年玉米蛇而言，只要牠們是健康的，就應該會表現出這種愛躲藏的行為舉止。比如你在寵物店裡走進飼育箱時，玉米蛇寶寶應該是會把自己藏在裡面，或者用其他方式把自己藏起來。如果牠沒有藏起來，也應該會是在滑行、攀登、爬行，或者做一些看起來很正常、且活力十足的舉動。如果玉米蛇寶寶完全伸展開來，一動也不動地躺著，或表現得很「搞笑」（例如移動上距離很短、動作很顛簸），那你就要避開來了，因為這是很不正常的舉止。

健康的玉米蛇會有一雙清澈的眼睛，且鼻孔附近也不會有痂或排出物。

如果你想要買的動物不是在幼年期，那牠可能已經很習慣人類的接近，這時候所有規則就會改變。就像被馴養的狗看到你時不會跑也不會躲一樣，被馴養的蛇也是這樣。牠們時常會大喇喇地躺在飼育箱內，因為牠們已經習慣人類的觸摸，就算有人類在旁邊也不會感到不自在；因此牠們並不會因為你的靠近而躲起來。

關於行為方面還有另一點。當你找出舉止正常的玉米蛇時，你應該把牠拿起來確認牠的性情。當你

蟎檢查

你可以做一項簡單的測試，來確認你想購買的蛇身上是否沾附著蟎或外寄生蟲。準備一張沾濕的擦手紙，將其放在你的手掌上，接著把手靠近玉米蛇，讓牠完整地滑行經過你的手掌，並查看該擦手紙。紙上是否還是乾淨的，或者上面有些小斑點在移動爬行呢？這些斑點是蟎，牠們會害飼育箱內的玉米蛇出現嚴重問題。這時不管這隻蛇有多好看，只要牠身上有蟎就絕對不能買。

靠近時，幼年或幼體玉米蛇通常防備心很高（畢竟你比牠看起來大太多了）。這時牠們可能會把自己盤起來或反覆地撞擊，這是沒問題的，牠們只是還不習慣人類的存在。再者，這種撞擊的行為，也是健康良好的表現。這讓你知道，那條年輕玉米蛇很強壯、警覺，並且對周遭環境發生的事情有著敏銳意識。

當你把玉米蛇寶寶抓起來時，應該就能很輕易看出牠的個性。牠會不會亂撞呢？牠是在你指尖冷靜地滑行嗎？還是說牠在你手上蹣跚爬行甚至靜止不動呢？你要避開蹣跚爬行和靜止不動的玉米蛇，因為那可能和骨骼、神經或肌肉畸形有關。要是玉米蛇寶寶很健康的話，在你把牠抓起來以後，不管牠怎麼做，都會是充滿活力的舉動：牠可能會移動、彈舌頭、滑行、撞擊、試圖逃跑，甚至在你身上排放牠泄殖腔中的排泄物都有可能！

　　重申一次，如果我們說的是成年玉米蛇，那規則就會稍有變動。這是因為幼體和幼年玉米蛇雖然會蠻橫亂撞，但只要花點時間都能被馴養，但如果成年玉米蛇已經受到人工飼養一段時間，卻還表現出這種攻擊性行為，那牠們就是屬於無法馴養的那一類，這樣就不應該購買牠們。好在這樣的玉米蛇極其少見，而且這通常是在極高溫下所孵化的蛇才會有的狀況。就連野外捕捉的成年玉米蛇，通常也會很快被馴服，因此若成年玉米蛇具有攻擊性，應該是有某種神經系統問題，導致牠們無法被馴服。

　　那現在既然你手上有玉米蛇了，不管是幼年還是成年玉米蛇，下一步就是要來檢查牠的身體。牠身上是否有割傷、擦傷或損傷呢？牠的皮膚下面有腫塊嗎？牠的腹部看起來怎麼樣？是光滑且紋路均勻，還是說有著有身體潰傷的斑點和汙點呢？如果玉米蛇健康的話，那麼腹部就會呈現平滑狀，鱗片也不會捲曲、潰爛或變色。但如果是飢餓

或營養不夠的玉米蛇，牠的腹部就會凹陷不平。玉米蛇要是健康，就算是玉米蛇寶寶，也都會有個平坦且結實的腹部，而且牠們也會達到一定的重量——蛇要和看起來一樣重才正常。所以如果蛇身上有割傷、損傷、潰瘍、捲曲的鱗片，或者呈現凹陷／過瘦的模樣，就不要購買。由於鼠蛇是種強壯且富有肌肉的生物，在你撫摸牠的時候，應該要能感覺到結實強壯的肌肉紋理在皮膚底下移動。健康的玉米蛇不該有脊骨和肋骨突出的問題。

接著要看的地方是玉米蛇的頭部。雙眼應該要清澈，且沒有任何殘留物或寄生蟲，而鼻子也應該沒有任何痂和分泌物。看看牠的嘴是不是一直閉著，還是說有棕色或黏膩的液體呢？牠吐舌的頻率如何？牠的頭會抬高看著你，還是無力低垂著？如果眼睛、鼻子、嘴巴周圍有任何阻塞物，那就是個警訊，告訴你說這條蛇有問題，這時候你就應該要挑選別條蛇。

緩緩你的同情心

有時候人們會很想把明顯已經生病的玉米蛇買回家，希望能救治牠，但請別這樣做。因為把生病的玉米蛇買回家，打算要醫好牠的下場，幾乎都是以蛇的死亡告終，這不但會讓你的存款縮水，也會讓你心痛無比。因為就連對獸醫和野生動物醫護員而言，要救治一條生病的蛇也是很困難的事情。再者，如果買了生病的玉米蛇，那不就變相等於你拿錢去獎勵沒有好好對待動物的賣家了嗎？最好的方法就是放棄那條蛇（因為通常不管你買不買，牠都會死去），並告知賣家說蛇生病了，接著就去別的地方買蛇。

蛇的飼養環境

另一則購買玉米蛇時的經驗法則，就是要去觀察動物的飼養環境。寵物店老闆有沒有把蛇養在乾淨的飼育箱內悉心照管，還是說，他隨意

在買蛇之前先看看牠的進食情況是個好做法。很明顯地，這隻德州鼠蛇（Texas rat snake）的胃口很好。

將 20 幾條玉米蛇寶寶塞在 10 加侖（38 公升）左右的骯髒箱子裡？就算玉米蛇寶寶通過了前面所提的那些考量因素，但卻在這種惡劣的骯髒環境下生活了一段時間的話，牠就有機會處於某些體內疾病或其他疾病早期，這樣你帶牠回家後，可能很快牠就會生病了。

測試

　　要確定玉米蛇是否健康，最終且最關鍵的一點，就是看牠進食時的情況。在購買玉米蛇之前，絕對要先要求看動物進食的狀況，因為就算是健康狀況極佳的玉米蛇，要是拒絕進食的話，那也就無法長期保持

大部分賣給愛好者的玉米蛇都是健康的，但還是建議進行檢疫這種預防措施。圖為奶昔橘玉米蛇（creamsicle corn snake）。

這種良好的健康狀況。但如果玉米蛇是快要蛻皮且眼睛已經變得朦朧，那就另當別論了。只有那種不自重的寵物店老闆會拒絕像這樣的要求，如果他真的這樣做，我通常就會到別的地方去買玉米蛇。如果玉米蛇健康的話，牠對攻擊自己食物這件事可是會樂在其中的：就連先宰殺後的獵物也是，牠們會把獵物當成還活著的樣子，襲擊、盤繞、壓縮。之後玉米蛇會快速吞下食物，在接下來幾分鐘內，也可能還會在箱子的周圍晃來晃去，尋找更多獵物。在餵食完玉米蛇之後，至少要給牠 48 小時來完全消化食物，之後再把牠買走運回家。因為如果在牠消化完之前就讓牠經歷這種運輸過程，可能造成嚴重的壓力和反胃——這可不是個開啟玉米蛇飼養之路的好方式。

隔離檢疫

在飼養玉米蛇和鼠蛇上，有個很重要卻常被忽略的部分就是檢疫期。由於爬行生物疾病有高傳染性，如果把受感染的蛇和你原本養的兩棲爬行動物放在一起，可能會導致毀滅性的結果。在你家中選一個地點，要離你養的其他兩棲爬行動物遠一些，並在那邊設置一個檢疫箱。根據你新寵物的尺寸，箱子可能要調整一下大小。我的經驗是，通常 20 加侖（76 公升）寬的箱子，就能為幾乎所有尺寸的玉米蛇提供適當的空間。在檢疫箱中放入白色擦手紙來做成底材，並放入一小碗乾淨的水、一個塑膠或人造的藏身處。箱子裡的環境要很簡樸、乾淨，就像醫院一樣。還有就是跟平常一樣，提供照明和加熱設備，照常餵食玉米蛇約一個月左右時間，期間別將牠從檢疫區中移出來。在這幾個禮拜之中，你的責任就是要去密切觀察新玉米蛇。牠在移動上或舉止上有「滑稽」之處嗎？你在擦手紙上有看到微小寄生蟲（蟎）在爬，或者淹死在水碟中嗎？你的蛇會一直張著嘴或看起來呼吸困難嗎？牠會嘔吐還是糞便會散發出濃烈的甜味或惡臭嗎？玉米蛇的鼻子或嘴巴是否流出過多的分泌物呢？以上這些全部都是警訊，這就說明你的新玉米蛇嚴重不對勁，而且這種現象在蛇被檢疫時會非常明顯好觀察。如果出現以上任何一種現象，那你就該馬上去找獸醫診療。如果說玉米蛇很健康，身上也沒有寄生蟲，那麼這檢疫的一個月將會安穩度過，之後你就能安全地把牠放到兩棲爬行動物飼育箱裡了。就算你沒有養其他的兩棲爬行動物，檢疫還是個好做法，因為經過這一段時間的密切觀察，就能預防沒注意到疾病或寄生蟲的情況，也能讓你及早帶牠去獸醫院接受治療。

這個檢疫箱不僅適合用來在初期觀察使用，在玉米蛇生病或受傷時，也是個讓牠用來康復的好地方。在復原期之中，把生病的玉米蛇放回去溫暖且無菌的環境裡，是一件很有幫助的事情。

第四章

照料玉米蛇

讓人最想養玉米蛇的原因之一，就是因為牠在人工飼養的環境中很好養。這些蛇類非常強壯，就算是由超新手愛好者來照顧，也能長得很好。雖然比起蚺屬蛇類和蟒蛇而言，玉米蛇的照料要求不高，但如果要牠們除了活下去之外還要活得漂亮，也是需要一定程度的照顧。

餵食

在我超過 20 年以上的飼養及繁殖玉米蛇經驗裡,在人工飼養的環境下,還沒有發生過寵物拒絕進食的情況。玉米蛇天生胃口就很好,牠們也很願意展現這點。事實上,愛好者要小心點,可別把自己的手指放在飢餓的玉米蛇和牠的食物之間,因為玉米蛇太亢奮的話,可能一不小心就把餵食者的手給一起咬了。

要解決這個問題,使用餵食夾是個蠻好的辦法。先用夾子夾住死食獵物的尾巴(或翅膀/腳),再把夾子伸進去飼育箱中,晃動夾子上的齧齒動物。這樣就算飢餓的玉米蛇被引誘過來襲擊時,你的手指也安全地在飼育箱外。有些玉米蛇在吃東西的時候會很挑剔,比如白天或燈開著的時候絕不進食。遇到這樣的寵物時,最好的方式就是在還沒有燈光的時候,把預先宰好的食物放進飼育箱內。你可以在幾個小時以後,用手電筒去檢查一下獵物,看看牠是不是已經被吃掉了。如果在 6 至 8 小時內都沒有被吃掉的話,就把預先宰好的齧齒動物處理掉,幾天後再換隻新鮮的齧齒動物試試看。如果讓你的玉米蛇吃掉腐爛的獵物,很容易害牠生病!

有時玉米蛇在你的注視下可能會有點不好意思吃東西。要對付這種愛遮掩的蛇,通常把食物直接放到牠們藏身處外晃動就能哄騙牠們進食。如果你的玉米蛇有進食問題,你可以試著把齧齒動物放在牠們的藏身處門口,到時你反而會被玉米蛇襲擊獵物,並將其拖回藏身處吃掉的速度嚇到。

雖然就常識而言,所有種類的蛇都能吃掉比自己的

餵給幼體玉米蛇和鼠蛇(圖為灰鼠蛇)的食物,通常是被稱為粉色乳鼠的無毛小鼠。

頭還大的食物，但其中的彈性還是有限度的。千萬別把大於玉米蛇頸部
直徑 1.5 倍的食物餵給牠們吃。

　　玉米蛇是非常貪吃的捕食者，就算面前的獵物塊頭再大，牠們也
會試著要把牠吞掉。如果持續食用這種大型獵物，就會嚴重傷害玉米蛇
的神經、皮膚和食道。餵食多一點小型食物，絕對比餵食少量大型食物
還要安全健康。

人工飼養的飲食

　　在野生環境中，只要是小到可以塞進嘴裡的溫血動物，玉米蛇幾
乎每一種都能吃：包括田鼠、老鼠、花栗鼠、鼴鼠、鳥類、鳥蛋、蝙蝠、
松鼠寶寶、兔子寶寶等。雖然要在人工飼養的環境中提供這麼多種食物
是不可能的，但重要的是，我們要盡可能提供玉米蛇多種不同的食物，
因為有些獵物提供的營養比其他獵物還多。

齧齒動物

　　小型的老鼠，通常是因買賣導向而飼養，以作為人工飼養玉米蛇
的主食，可在寵物店及專門販賣活食的網路零售商買到，當然也能買到

玉米蛇會毫不猶豫地捕食鳥類，圖中的是玫紅比藍雀。如果你想要的話，也可以餵人工飼養雞給蛇吃。

冷凍食物鼠。牠們會被用乾冰包裝起來，以隔夜運輸的方式寄送，你可以把這些「冷凍鼠食物包」放在冷藏箱裡面，等你的玉米蛇要吃再拿出來。這時只要把老鼠放到溫水中至少四小時使其解凍，再將牠擦乾後餵給玉米蛇吃就行了。大多數愛好者認為，冷凍鼠比活食還簡單方便，而且如果一次買 25、50 或更多隻的話，每隻老鼠的價格也便宜許多。

當然，因買賣導向而飼養的老鼠並不是最有營養的食物。野生小鼠、大鼠和其他齧齒動物因為食用了各種富含營養的堅果、穀物和蔬菜，因此會很受玉米蛇的喜愛。不過，把野生齧齒動物拿來餵食的缺點，就是那些齧齒動物體內可能有毒、殺蟲劑及其他農業雜質殘留，這將會對玉米蛇造成傷害。同樣地，齧齒動物可能也感染某些細菌、內寄生蟲或其他疾病，這些都可能會傷害你的玉米蛇。

請勿觸碰！

在餵食玉米蛇後，至少 48 小時內都要避免把玩牠。因為這種把玩的動作，或其他過度的壓力，可能會導致玉米蛇反芻消化到一半的食物。

雞

雞雞和雞蛋也是蛇的高營養來源，但這些只能當作零食來餵食，並不能當作主食。每兩個禮拜餵一隻剛孵出來的雛雞，可以讓玉米蛇的鱗片長得更好、更有光澤，也能使其擁有健康的蛻皮期，這是因為雛雞或雞蛋中有著蛋白質，對發育及鱗片生長很有助益。雛雞（或鵪鶉幼雞）並不像小鼠那樣好取得，但是如果你能用合理的價格買到，我非常建議偶爾用牠們來餵玉米蛇。

隨著玉米蛇逐漸長大，你也應該要提供相對來說更大一些的食物。

其他選擇

某些愛好者會餵玉米蛇吃一些雞肉、牛肉或豬肉厚片，他們覺得這樣可以省點錢。雖然牛肉厚片是比冷凍小鼠便宜沒錯，但對玉米蛇而言卻是很不健康的食物，吃這種肌肉肉品會讓玉米蛇罹患腎和肝衰竭、肥胖症及其他許多代謝疾病。而且這種切割厚肉片並不像小鼠和雛雞那樣能提供鈣。除了一整隻的生物以外，請不要餵玉米蛇吃任何其他東西。

另一種食物的選項被稱為「蛇香腸」，由絞碎的雛雞和小鼠組合製成，這種組合肉製品會被灌到皮裡面，就像真正的香腸那樣，而且可以餵給各年齡層的玉米蛇。但是這和雛雞及雞蛋一樣，應該當成玉米蛇的零食而非主食。只吃蛇香腸或其他此類加工食品的玉米蛇，通常會患有肥胖症、營養不良及維生素／礦物質缺乏症。我建議每個月餵這種食物的次數不要超過一次。

活食與死食？

　　談到玉米蛇的食物，愛好者們的主流想法通常有兩種。其中一派的人認為，活食是最好的選擇。因為 5000 萬年以來，玉米蛇和鼠蛇一直都是大師級捕食者，牠們會捕捉、制服並吞食活獵物。而另一派的人所遵循的想法是，如果餵寵物吃死食就會安全很多。這是因為許多野生玉米蛇身上都有些傷疤，也有失去眼睛、鼻子等殘廢畸形的現象，這很有可能是獵物們在死前掙扎時所留下的痕跡，所以如果餵食死食，就能排除蛇被獵物們弄傷的情況產生。此外，由於人工飼養環境中的玉米蛇不需要用到狩獵及殺戮的本能，有些愛好者認為這樣能讓蛇保持溫順，如此一來，當有人伸手餵食牠的時候，就不會被蛇誤認為是移動中的獵物。

　　有些愛好者甚至從人道角度來提倡死食。將老鼠處理好再餵食，就能減少牠在被蛇壓縮致死期間所受的傷及恐懼。

　　不論是餵死食或活食，主要還是選擇和偏好的問題。畢竟玉米蛇能不加思索地就接受預先宰好的老鼠，對於制服任何活食，並將其壓縮致死也毫無問題（但還是有意外狀況）。如果你是餵活食，就要謹記不管是大鼠或小鼠，牠們都是活生生的動物，所以牠們除了擁有強烈的求生意志外，還具備了尖銳的牙齒。隨意將老鼠放置在玉米蛇的籠子裡面，這對玉米蛇而言是種非常不負責任且危險的行為，因為失控的老鼠很可能會嚴重咬傷或弄傷你的寵物蛇。

餵食時間表

　　飼養玉米蛇時的常見問題之一就是不當餵食。有些愛好者太少餵食寵物，相反地，有些愛好者則是太頻繁地餵食寵物，這樣一來就會把寵物養得太胖，並且變得畸形，從而有高機率導致嚴重健康問題。有種

方法叫做「餵水養殖法（power feeding）」，通常都是為了達到某個目的才會使用這種過度餵食的方式，比如愛好者可能是希望能養出一條巨大玉米蛇，或是想儘快將蛇養到可以繁殖的尺寸。但要注意的是，這種餵水養殖法是種令人髮指的方法；這麼做雖然玉米蛇的肌肉組織會快速成長，但是骨骼、神經系統及器官系統卻無法正當發育。後果就是會養出一條不健康的玉米蛇，且壽命可能只有 8 至 10 年左右，此外，也有可能不到那麼久就先死於器官衰竭。

如果要避免過度或過少餵食玉米蛇，建議可以擬定餵食時間表。透過遵守和下列表單相似的時間表，你就能完全掌握玉米蛇吃了多少東西，以及牠應該要長多快，並且能使其保持在最佳健康狀態。另外，幼體玉米蛇會需要更多食物，因為這是牠們以一生中最快速度自然發育的時期。雖然牠們的生長速度會隨著年紀增長而逐漸放緩，但在接近性成熟時，牠們還是需要一定數量的食物。其中，較高齡的成年個體生長得最慢，因此可以定時定量餵食，且無須擔心過度餵食的問題。而非常大型的成年玉米蛇會吃得比較多，所以愛好者們要注意自己的餵食量。

玉米蛇及鼠蛇餵食時間表

蛇的年紀	食物大小	餵食頻率
幼蛇 - 6 個月	粉色乳鼠	每 3-4 天 1 次
6 個月 - 1 歲	粉色乳鼠／細毛乳鼠	每 3-4 天 1 次
1 歲 - 2 歲	成年小鼠	每 4-5 天 1 次
2 歲 - 3 歲	成年小鼠	每 5-6 天 1-2 次
3 歲以上	成年大鼠、雞、成年小鼠	每 6-7 天 1-2 次

在人工飼養中，大多數的玉米蛇都被過度餵食。請控管玉米蛇的體重，預防牠變得太胖。

唯一不照此時間表餵食的情況，是在玉米蛇生病或進行配種前的時期。針對生病或重量過輕的動物，在牠們康復並達到正常體重前，都需要更頻繁地餵食牠們。在有這些狀況的動物恢復後，就應該繼續按照時間表來餵食了。同樣地，對配種前的雌性也要提供更大量的食物，因為牠們需要額外的營養及體力，才能產出又大又健康的蛋。

維生素及礦物質

生長在自然環境中的玉米蛇能得到各種所需的維生素及礦物質，但這點在人工飼養的環境中卻無法做到。這是因為愛好者們所能提供的食物種類有限，因此，我們必須額外提供含有維生素及礦物質的補充食品給寵物。兩棲爬行動物的維生素及礦物質通常呈粉狀或液狀，粉狀可撒在食物的毛皮上，液狀則可注射入死食的體內再餵食玉米蛇，而這些都能在寵物店或網路上買到。

由於幼體和幼年玉米蛇處於快速發育時期，因此比起相對較老的玉米蛇而言，牠們會需要更多的維生素和礦物質補充品，所以每一餐都

要按照 3:1 的比例，來撒上鈣／磷補充品。雖然鈣對適當的骨頭發育及骨骼生長極為重要，不過如果維生素 D3 的數量不對也就沒用了。這是因為兩棲爬行動物需要 D3 才能代謝鈣，如果沒有 D3，那麼所有兩棲爬行動物都只能直接把鈣從體內排出來，卻無法吸收到鈣裡面的營養。大部分兩棲爬行動物專用的鈣補充品內，都會適量的混合維生素 D3。

添加維生素補充品時，愛好者們要注意別讓玉米蛇過量服用。因為有些維生素可能會堆積在動物體內，很快地就會產生毒素，比如維生素 A 就是如此。而幼體和幼年玉米蛇尤其容易受到維生素毒素影響，所以應該每三次餵食才添加一次補充品。在食物上添加維生素的方式，和添加鈣補充品的方式相同。

不過並非所有權威都同意要餵蛇吃補充品，他們認為蛇吃的整隻獵物本身就含有完整營養。因為蛇會把獵物的骨頭、大腦、皮膚和內臟消化掉，並獲得完整營養，因此飼主們對這個議題仍有不同意見。如果你對是否要餵蛇吃補充品有疑問，請諮詢你的爬行動物醫師。

蛇類在進食後會明顯腫脹起來，就像圖片中這隻貝爾德鼠蛇（Baird's rat snake）一樣。

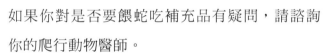

肥胖症

如果玉米蛇長期被過度餵食或是太少運動，
就很容易患有肥胖症。肥胖症的症狀包括遲緩、嗜睡、身軀無法扎實地盤繞起來，以及皮膚從鱗片間露出來等。在盤繞起來時，身軀兩側也可能會出現因脂肪過多而形成的小卷。過胖的玉米蛇須減少餵食的頻率，也要把牠們從飼育箱中拿出來，每天至少讓牠們運動（包括滑行、攀爬、游泳、保持持續活動）一小時左右。在修改餵食時間表並讓牠每天運動後，過胖的玉米蛇應該會在幾週內瘦下來。如果你放任玉米蛇過胖不管，就等於讓牠暴露於和人類相同的健康風險之下，如：高血壓、心臟問題等，且通常壽命會縮短。

水

餵水給玉米蛇很簡單，只要在玉米蛇的家中放置一個水盆，並倒入乾淨且新鮮的水就行了。另外，為了避免水變髒或導致蛇生病，必須每天更換水盆內的水。每天都要將水盆拿出來，用熱肥皂水徹底沖洗乾淨，再裝入新鮮的水。如果放置太久，水就會因變得污濁而形成培養皿，進而孳生細菌和其他微生物。這時若玉米蛇飲用這些水，其中的細菌就會引發腹瀉或其他疾病。這就跟我們人類不能飲用汙水一樣，玉米蛇也不能喝這樣的水。

有時在罕見的情況下，玉米蛇可能會爬入水盆中並停留很長的時間。這有可能是因為牠無法蛻皮，所以需要浸泡在水中，讓外皮變鬆才能把老舊的皮蛻下，也有可能是因為牠患有外寄生蟲才這樣。若玉米蛇身上有開放性傷口或病變，也會爬進水盆中來減少傷口疼痛帶來的不適感。不管是哪一種狀況，都不應該讓玉米蛇在水盆中停留過長時間，因為如果泡在水中太久，很快就會出現嚴重的皮膚問題，也就是所謂的水

疱性皮炎（blister disease）。要解決這個問題，首先要先確認蛇沒有蛻皮問題、寄生蟲或皮膚病。接著，如果確認這些問題都不是主因，就換一個小一些的水盆，讓玉米蛇無法將自己放到裡面去。

在放置幼體和幼年玉米蛇的水盆時，也要採取額外措施。請使用非常淺薄的盤子，且邊緣傾斜度不要太大，這是因為對年輕的玉米蛇而言，有著陡峭邊緣的深水盆很容易就會變成死亡陷阱。

運動及把玩

每天或每兩天「運動」一次，有助於玉米蛇維持健康的食慾及體態。玉米蛇是所有游蛇科中最聰明的一種，牠們的性情和體態非常一致。就像寵物鳥或狗一樣，牠們也需要精神激發，如果不把玉米蛇拿出來並陪牠們玩，牠們就會變得遲緩、緩慢，甚至可能有敵意，這是因為如果長期處於無刺激環境，牠們的身心狀況都會惡化。反之，經常觸摸、把玩並讓玉米蛇運動，牠們就會變得迅速而敏銳，每當飼主走進房間時，牠們就會立刻貼進飼育箱的玻璃。玉米蛇似乎很喜歡飼主的動作、刺激和溫暖。牠們需要伸展自己的肌肉，並且探索周圍環境的景象及氣味，如果要讓牠們在你的照料下茁壯成長，諸如此類的活動都是人工飼養中不可缺少的一環。在這種情況下，運動的意思是將蛇拿起來把玩，讓牠不斷地移動。你也可以讓玉米蛇稍微散個步，但記得要仔細盯著牠。千萬別讓蛇跑到家具底下、加熱管道或排水管附近等處爬行。

定期運動還能促進肌肉發展，以及良好的骨骼及肌腱發育（這對幼體和幼年玉米蛇而言尤其重要），也能使其定期排便，並且將患有肥胖症的風險降到最低。比起那些一直被關在飼育箱內的動物而言，在飼主定期把玩及幫助運動的情況下，動物平均都會活得較久一些。

對作為種畜的雌性玉米蛇而言，如果一直定期把玩並幫助牠們運動，也有助於其生下更大且通常更健康的蛇蛋，在產蛋後也能快速恢復。總而言之，定期把玩可以減少壓力、促進健康，並有效提升所有玉米蛇的生活品質。

除了有助於各種健康方面以外，把玩玉米蛇也是件非常有趣的事情！這讓愛好者有機會盡可能地和蛇寵物變得親近，把玉米蛇純粹當成動物，或是當成朋友，從把玩這件事上也能看得出來。市面上有很多爬行動物只要一被抓起來，就會馬上咬你、抽打你、抓你，或甚至弄傷你，所以有機會的話，就該好好享受我們所選的動物的溫柔性情。因為玉米蛇非常好控制，所以我們應該每天都把牠們拿起來陪牠們玩，這樣不論是你或是你的玉米蛇都會從中獲得許多好處！

把玩教戰守則

在把玩玉米蛇時，有一些重要的規則和方式。若要把玩玉米蛇寶寶或幼年玉米蛇，要小心不要突然抓住或握緊牠，因為牠的骨骼和肌肉都還很脆弱，被人手緊握將會造成嚴重內傷。請讓玉米蛇寶寶自由地爬

隨時保持玉米蛇水盆的乾淨度。圖為白化直線玉米蛇（striped albino corn snake）。

行，同時用手支撐牠的身體。將牠從飼育箱拿出來時，讓牠自己爬入你的手中，可以用一些溫和的哄騙技巧，但絕對不要像抓成年蛇那樣抓住牠。

等玉米蛇稍微長大一點，身體變得比較結實以後，就算把牠拿起來，握在手上溫柔地把玩也很安全，就像對待嬌弱的小雞崽那樣，但以更小心的方式去做就行了。一般來說，要讓玉米蛇按照自己想要的方式來爬行，在把玩的時候讓蛇自己去活動身軀，而不是飼主來控制。

把水盆當成游泳池

玉米蛇或其他鼠蛇坐進自己水盆還有另一個原因，就是要降溫。如果玉米蛇太熱，牠就會用盡辦法讓自己變涼，要是籠子的冷溫端太溫暖的話，牠就有可能把自己泡在水盆裡面。所以要是玉米蛇一直把自己泡在水盆裡，請務必檢查籠子內的溫度，並進行必要的調整。

玉米蛇有兩個不喜歡被摸到的敏感部位：頭部和尾巴。從玉米蛇的頭部到頸部約 6 英吋（15.2 公分）左右，都是牠們的敏感部位。玉米蛇喜歡身體的這個部位能自由地移動，儘管牠們的性格溫和，但要是頭部受到騷擾或拘束，牠們就會變得煩躁起來。同樣地，尾巴也是個敏感部位，如果尾巴被抓住、捏住或被碰到，牠們會馬上把尾巴抽出來，這是因為牠們的生殖器和泄殖腔都在這個部位。你稍微想想就能理解，如果有個陌生人突然無預警地抓住你的臉或生殖器，你也會馬上抽身吧！

衛生問題

不論把玩哪一種蛇都會有缺點，但只要有一些基本常識，這些都不是什麼問題。不管你和玉米蛇的感情有多好，務必都要記得，這些動物住在飼育箱內，牠們並不會洗澡，而且也從來都不會用抗菌洗手

液來清潔自己。蛇鱗的隱蔽處和縫隙之間，會夾著一些微小的垃圾、糞便和其他細菌可能孳生的媒介。健康的動物，以及居住在最佳衛生環境的動物身上不太會挾帶細菌，但還是有可能會傳播感染。

這些細菌中最糟糕的就是沙門氏菌（*Salmonella*），它會使人類宿主產生嚴重、疼痛且長期的症狀。在 1980 年代末至 1990 年代初期，由於沙門氏菌病與爬行動物有

在把玩寵物蛇之前和之後都要洗手。

關，於是有許多人開始愈來愈關心這個問題。有很多兒童因感染而住院治療，且其中有很多人都是從他們的爬行類寵物身上感染的。（當然，直到後來才發現，這些感染者中有很大一部分都把寵物養在骯髒的飼育箱內，而其中又有很多是小孩，他們會把動物放進自己嘴裡。）這種情況的確是個問題，但卻也有能防止這種污染的衛生規則：

- 保持飼育箱及內部設備的整潔。只要動物排便，就要徹底清洗箱子。
- 在把玩玉米蛇前後，都一定要馬上用抗菌肥皂徹底洗手。
- 絕對不要把蛇的任一部位放進嘴裡。也不要讓牠靠近你的臉、眼睛或鼻子。
- 把玩玉米蛇時，不要把手放進嘴裡。
- 如果玉米蛇從自己的排泄物上爬過去，請用乾淨且微溫的水（無肥皂）幫牠洗澡，並立即更換底材。

這幾條簡單的規則會讓玉米蛇的衛生有大不同。你可以這樣想：你不會把蛋打在碗裡面，放過夜再炒來吃吧？那不僅荒唐也很不安全。玉米蛇的整潔也是如此，只需要運用一些常識，你就不會有問題了。

做好衛生整潔的另一方面也是為了玉米蛇著想。在日常生活中，我們身上可能會沾上許多化學藥劑：肥皂、染料、古龍水、香水、乳液、乳霜、清潔劑等。雖然這些藥劑對我們可能不會造成任何不良影響，但卻會對玉米蛇造成嚴重風險。許多家用化學藥劑都會傷害玉米蛇的皮膚、眼睛、嗅覺及呼吸系統，接觸到化學藥劑的極端例子就是導致死亡。

同樣道理，如果你先把玩了一隻生病或受感染的兩棲爬行寵物，不洗手卻又把玩了另一條玉米蛇，這樣幾乎等於一定會把疾病或汙染傳染給本來很健康的玉米蛇。因此愛好者們在拿起玉米蛇或把玩牠們之前，先徹底清潔自己是非常重要的事情。最好的清潔方式，就是先用熱水把手打濕，再使用抗菌肥皂洗手，之後用清水徹底洗淨。這麼做將有助於確保維持我們愛寵的健康。

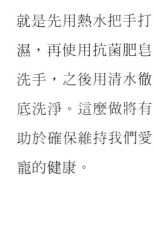

使玉米蛇的籠子保持整潔，對於維護你及牠的健康都有很大幫助。圖片為焦糖玉米蛇（caramel corn）。

第五章

健康照護

雖然玉米蛇具有高抗病力，但並非完全免疫。其實還是有幾種病痛經常會發生在玉米蛇身上。幸運的是，只要按照飼養及衛生健康守則來做，就能預防大部分的疾病發生，而且如果早期發現，大部分也很好治療並痊癒。關於這點，我想要強調的是，擁有一名專精於兩棲爬行動物獸醫的重要性。要避免這些疾病之一，最重要的就是在剛得到新動物時，就帶去給獸醫進行初步檢查，之後也定期回診進行年度體檢。在此章節中討論的所有疾病與治療方案，都適用於所有物種的北美鼠蛇。

醫療箱

　　用來飼養新寵物的檢疫箱，也可以用來當成放置生病玉米蛇的醫療箱或治療箱。醫療箱的布置和檢疫箱大致相同：以白色擦手紙作為底材、塑膠藏身盒、小水碟、恰當的加溫設備，除此之外不要放置多餘物品。由於醫療箱的目的是用來密切觀察玉米蛇的狀況，因此不能擺放其他攀爬樹枝及裝飾，否則就無法清楚地觀察到動物。

　　醫療箱內的溫度應維持比標準飼育箱稍微溫暖一些。所謂較溫暖的溫度，是落在 85°至 87°F（29.4°至 30.6°C）之間，這個溫度能刺激玉米蛇的免疫系統，大大增加寵物的康復速度。並且需要密切控管溫度，務必要讓陰涼端比箱子內其他地方還涼至少 5 度。大多數生病的玉米蛇會去尋找高溫處，即便是野生玉米蛇也是，牠們生病時，會本能尋找較溫暖的地區來治療自己。

　　由於大部分能使玉米蛇生病的疾病都具有傳染性，可能會對你其他的兩棲爬行寵物造成威脅，因此醫療箱要離其他寵物們居住的飼育箱遠一些，最好是分別放在不同房間內。醫療箱內的底材尤其要經常更換，必須讓箱內保持乾淨。在觸摸生病的玉米蛇後，請記得要用熱肥皂水徹底清潔雙手。

> 如果你覺得玉米蛇生病了，請儘早去找兩棲爬行動物獸醫尋求治療，這總比等到來不及了還好。

寄生蟲

　　人工繁殖的玉米蛇不太會有寄生蟲問題，但野生個體卻時常因此染病。如果你使用的木頭或擺設來自戶外，並且沒有經過事先處理，那麼你的蛇就可能常會受到寄

尋找兩棲爬行動物獸醫

要找到專精於爬行動物和兩棲動物的獸醫並不容易。
以下是一些建議，應該有助於你找到能幫助寵物玉米蛇或鼠蛇的獸醫。在緊急狀況發生前先找到醫生是最好的。

· 找出電話簿中寫著「稀有動物」或「爬行動物」獸醫的醫生，並打過去問他們問題，確保他們是否了解鼠蛇。
· 詢問所在地附近的寵物店、動物園及動物收容所，看看他們有沒有推薦的醫師。
· 詢問兩棲爬行動物學會，他們通常會知道懂得治療兩棲爬行動物的當地醫師。
· 聯絡爬行及兩棲動物獸醫協會（ARAV）。他們的網址是：www.arav.org。

生蟲所擾。除此之外，餵玉米蛇吃野生齧齒動物、鳥類或蜥蜴，也會增加玉米蛇沾染寄生蟲感染的機率。要避免寄生蟲的最好辦法，就是購買人工繁殖的玉米蛇，並防止你的寵物和野生捕獲的爬行動物接觸。

蜱及蟎

蜱及蟎都是吸血寄生蟲的一種，牠們會依附在玉米蛇的皮膚上，且如果放任不管，這兩者都會引發嚴重問題。

蜱 在兩者之間危險性較小，蜱通常是小型（10毫米），看上去和螃蟹很像的生物，牠們通常會依附在動物的眼睛、嘴邊及泄殖腔附近。蜱會喜歡這些區域是因為這些部位通常沒什麼鱗片，且血液流通量大。

如果要拿掉蜱，可以用鑷子輕輕地夾住牠再慢慢拉動，拉到牠自己鬆開為止。請不要迅速扯動或突然把鑷子往後拉，因為這種冒然的動

作很可能會把蜱撕成兩半，那麼雖然你是拉掉了牠的身體沒錯，但卻讓牠的頭和下顎緊緊依附在玉米蛇身上了。只剩下頭部的話，通常會導致更嚴重的感染。在要除掉蜱前的一小時，先在牠身上塗上一點凡士林或礦物油，通常會讓移除蜱的過程簡單很多，這是因為窒息的蜱可能會死去或自己掉下來。在除掉蜱以後，用局部抗生素乳膏塗抹在被依附的部位上，並查看感染狀況。

野生玉米蛇身上通常會有蜱、蟎及其他寄生蟲。

蟎　蟎是種會在不知不覺間蔓延的寄生蟲，稍不注意牠們很快就會繁殖開來。牠們長得像小型（約甜椒籽大小）紅色、褐色或黑色的斑點，而且會滿布在玉米蛇的身軀上，這些微小的寄生蟲非常危險，看到就要迅速且徹底地消滅牠們，才能防止未來的大麻煩。　對付蟎侵擾的步驟如下：

- 把受侵襲的玉米蛇從飼育箱中拿出來。
- 用溫水替牠洗澡，過程中要按摩鱗片，並盡可能多地洗掉蟎。
- 將洗完澡的蛇放進檢疫箱中。
- 清理受侵襲的飼育箱，把所有有機和無法清理的底材及裝飾處理掉。將垃圾袋綁緊後，馬上拿到外面丟掉。
- 在滾燙肥皂水中加入約 10％的漂白水，用來清洗所有無機區域（大石頭、藏身處、水盤等）。並好好地沖洗乾淨。
- 接著用滾燙的肥皂水及漂白水清潔飼育箱，務必每個小縫隙、小角落都不能放過，因為蟎會在頂部和縫隙處附近落腳。之後一樣好好沖洗乾淨。

因為蟎可能會在飼育箱內的任何角落產卵，所以一定要用滾燙的水沖洗所有無機材料，並將所有有機材料處理掉，否則萬一等卵孵化以後，就在你以為自己除掉了蟎騷擾時，約兩週後這種侵擾就又會捲土重來。

再來談到治療蛇的問題，就有許多選擇了。你可以先在醫療箱中噴灑叫做「Provent-A-Mite」的蟎噴霧，再把蛇放進去。在撰寫本書時，此產品仍是種能安全用在所有蛇類及蜥蜴身上，且有效殺死蟎的物品。要處理蛇身上蟎另一種方式，就是在溫水中加入優碘（可在藥局買到），並用這個溶液來幫牠洗澡。這個溶液要稀釋過──溶液應該要呈現淡茶色。多換幾次水，確保蛇完整地浸泡在水中數次──千萬小心不要淹死牠。

殺蟲紙

直到不久前，vapona 浸染殺蟲紙仍被當成治療蟎的標準方案。但有愈來愈多證據指出，使用這些殺蟲紙數月後，可能會導致兩棲爬行動物死亡或受傷。所以最好還是不要使用比較好。

內寄生蟲

內寄生蟲的種類繁多（蛔蟲、吸蟲、扁蟲、變形蟲、球蟲、線蟲、條蟲及滴蟲），且通常如果沒有顯微鏡和專業獸醫就無法診斷出來。內寄生蟲侵擾的症狀包括：

圖為隱孢子蟲感染而造成中段腫脹的特徵。由於此疾病無藥可治，因此這條可憐的雪白玉米蛇可能已經被安樂死。

- 不明原因體重驟降。

- 糞便有濃烈甜味或惡臭。

- 頻繁地嘔吐。

- 糞便帶血、過稀或呈黏液樣。

- 食慾良好體重卻持續下降。

- 突然食慾不振，且出現任一上述現象。

只要確診後，就應該在獸醫親自照護之下進行內寄生蟲侵擾治療，因為如果使用過量藥物或誤用藥物來處理寄生蟲，引發的問題通常會比寄生蟲侵擾還更嚴重。

隱孢子蟲病 所有內寄生蟲中最危險的可能就是隱孢子蟲（*Cryptosporidium*），這種危險的原生動物會把玉米蛇的消化道當成自己的殖民地，並造成其嘔吐、嚴重腫脹、腹瀉，及體重快速下降。這種寄生蟲侵擾疾病被稱為隱孢子蟲病。目前尚未有治癒隱孢子蟲病的辦法，若有動物受感染，應該儘量以人道的方式將之處死。隱孢子蟲也具有高傳染性，牠會迅速擴散開來，並侵擾你所有的兩棲爬行寵物。因此在確診此寄生蟲後，最好的方式就是儘快處理已經感染的動物。

這種可惡寄生蟲最糟的一點就是，在顯露任何感染跡象前，牠們可能已經在宿主身上寄居兩年了。這樣一來所有的蛇類寵物都可能被感染，

而且普通愛好者根本不會有所懷疑，等到發現時
都已經太遲了。好消息是，玉米蛇受隱孢
子蟲侵擾的情況很罕見，並且可以透過
維持環境整潔而大幅度提升防範。

感染

口腔潰瘍

　　口腔潰瘍，學術上稱為傳染性潰瘍性口炎，
這是種始於口腔，由細菌、甚至真菌感染引起的
病症，最終會蔓延至玉米蛇的喉嚨及肺部。可能
得病的原因，是由於生活環境不整潔以及溫度過

低而導致，口腔潰瘍對玉米蛇而言十分痛苦，最嚴重的情況下，還可能
造成嚴重的下顎及面部毀容。如果放任不治療，口腔潰瘍是會致命的。

　　症狀包括口腔中出現乳白色至黃色的濃稠分泌液、牙齒變黑及／或
掉落、牙齦發紅及發炎、拒絕進食，和時常打開口腔等。你可以輕輕地
抓住玉米蛇的頭部，並將其牢牢固定後，小心地將信用卡或駕照卡放入
牠的口腔中，並進行檢查。由於玉米蛇不喜歡卡片在口中的感覺，因此
會把嘴張得很開，試著要把卡片弄掉。健康的玉米蛇口腔會呈現淡藍色
至粉色，有著由紅色和紫色血管及毛細血管所組成的脈絡，以此來供應
足夠的血流量。而健康的牙齒則是呈白色到半透明的色澤。如果你看到
牙齒間有著「黏糊」或「膿狀」腫塊，且牙齒變黑或牙齦腫脹，那就很
有可能是口腔潰瘍。

　　將生病的玉米蛇放入醫療箱中，並將溫度提高為 87° 至 88° F
（30.6° 至 31.1° C）區間，而較冷端則是 80° F（26.7° C），以此來對抗
口腔潰瘍。有些經驗豐富的蛇飼主會把雙氧水或碘仔細地擦在蛇的口腔

內，自己幫蛇治療口腔潰瘍，但最好還是去看獸醫，因為他們會先幫蛇清理口腔後，並開皮下注射抗生素的處方。

肺炎

這是所有玉米蛇疾病中最危險的一種，肺炎指的是是呼吸道感染。而玉米蛇只有一個肺在運作，因此若肺炎加重，可能會在肺部內快速累積液體而導致寵物死亡。溫度過低或濕度過高都可能導致此疾病，肺炎的辨識方法為：

- 發出嘶嘶聲的次數過多且頻繁，或呼吸困難。
- 經常張開嘴巴。
- 鼻孔和嘴角分泌出粘液和唾液。
- 玉米蛇會垂直地直立起前身軀，且很用力地呼吸。（這是末期症狀之一，如果你的寵物已經到這個階段，那麼通常離死亡也不遠了。）

如果你懷疑玉米蛇處於肺炎早期，你可以將飼育箱內的溫度調成適當的溫度，以此進行簡單治療。但如果病狀稍微惡化一些，唯一的治療方法就是將牠帶去看獸醫，並取得處方藥物。維持恰當的溫度及濕度可預防肺炎及其他呼吸道疾病。

水皰性皮炎（Blister Disease）

如果居住環境不恰當，玉米蛇腹部的鱗片常會因此遭殃，鱗片會從黃色變成褐色，並長出許多微小淡白至黃色的疙瘩。這就是水皰性皮炎的最初現象。這是由於皮膚和鱗片上有細菌移生所導致的疾病，水皰性皮炎通常與生活環境髒亂及濕度過高有關。

在早期階段中，患有水皰性皮炎的動物可能只是腹部出現腫塊或變色斑點。但其實這是種非常兇猛的疾病，若繼續在髒亂的環境中生

圖為玉米蛇腹部病灶。通常是因為居住環境潮濕骯髒才導致病灶和水疱出現。

活，這些斑點會迅速病變為開放性潰瘍和膿皰。而腐爛的肉會很嚇人地往玉米蛇的肌肉組織內延伸進去。要是讓疾病達到此階段，接踵而來的就是二次細菌感染，這時想要復原就不太可能了。

對抗水皰性皮炎的最佳方式，就是清除所有底材、將飼育箱消毒，並把蛇放進醫療箱。用溫水替玉米蛇洗澡，並用優碘或雙氧水搓揉患處。在病症比較輕微的情況下，玉米蛇會進入快速蛻皮期，在蛻皮兩至三次後，腐爛的鱗片將會再生並且恢復正常。但如果是比較嚴重的情況就一定要去看獸醫，就算是輕微的狀況，也是看一下醫生比較好。治療方法包括做培養、處方抗生素，也可能要將蛇留在獸醫院治療。水皰性皮炎是種很嚴重且長期的疾病，如果沒有及時去看獸醫，很多時候會有致命的可能。

不管疾病嚴重程度，只要患有水皰性皮炎就表示愛好者要提高自己的飼養標準。這時應該要減少濕度、使用乾淨的底材，並經常更換水盆。

蛻皮障礙（Dysecdysis）

　　蛻皮障礙是蛻皮困難的學術名稱。正常的蛻皮週期開始時，玉米蛇會先呈現出較黯淡至淡藍色的顏色，並會在正式蛻皮前三天變回原本清澈的顏色。在這之後，玉米蛇會用鼻子去摩擦一些較粗糙的物體，藉此讓鼻子部位的皮膚變鬆。直到變鬆後的吻鱗勾住某物後（可能是岩石、磚塊，或大松毯的刺毛等），玉米蛇就會開始緩慢滑行，並收縮全身的肌肉，在移動的過程中將老舊皮膚蛻掉。蛻皮要是順利，那麼舊皮膚應該完整無缺地整張被蛻下來，這時的玉米蛇就又擁有如平時般閃亮而美麗的身軀了。

　　若老舊皮膚殘留在身軀的某些部位上，就稱為蛻皮障礙，最常發生的部位是眼睛。玉米蛇的眼睛由變形鱗所覆蓋著，此鱗片又稱眼蓋（spectacle）或眼膜（brille），在蛻皮的過程中有可能和其他老舊皮膚分離。而留下來的眼蓋雖然不會再生長，卻會繼續存在於眼睛上。留下來的眼蓋會變硬，並造成未來也有不當蛻皮的情況發生，從而在未來蛻皮期間留下愈來愈多的鱗片。最終的結果將導致失明，這是因為殘留眼蓋很快會變得模糊且不透明，導致玉米蛇無法視物。在嚴重的情況下，眼睛會被硬化的殘留眼蓋壓縮，而後開始腐爛，導致玉米蛇的那隻眼睛永久性失明。

　　每次玉米蛇蛻皮後都要檢查牠蛻下的舊皮膚。

在蛻皮前幾天，蛇的雙眼通常會變得混濁。請注意，在蛻皮後牠們的雙眼會立刻恢復清澈。

看看兩邊的眼蓋是否都跟舊皮膚
一起蛻下了？如果沒有的話，
是殘留在眼睛上了嗎？要是眼蓋
殘留，使用浸泡過溫水的棉花棒輕輕
擦拭蛇的眼睛。在擦拭約半小時後（可能可以在
不用其他治療的情況下，將殘留的眼蓋去除），
使用鑷子輕拉眼蓋的邊緣，直到角質層自然脫落
即可。如果你不確定玉米蛇的眼蓋是否在蛻皮時

尾巴尖端也是蛻皮後常見殘留皮膚的部位。

殘留下來，或你的寵物很明顯殘留了好幾個眼蓋，那麼請務必諮詢兩棲爬行動物獸醫或其他專家。畢竟若在不確定的情況下，拿鑷子去拉扯健康的眼睛，那可比眼蓋殘留還容易害玉米蛇失明。

　　不只眼睛部分會出現蛻皮障礙，身軀其他部位也會有這種狀況。也就是蛻皮時不是整張皮完整蛻下來，而是零碎的蛻皮。也因此蛇身上會有一塊一塊的皮膚殘留。

　　蛻皮障礙常發生於嚴重缺水的動物身上，只要經常保持動物住所裡有新鮮乾淨的水就能預防。如果蛇籠或你家中的空氣過度乾燥，那麼只要在看到蛇的眼睛變成藍色或乳白色時，每天或每隔幾天往籠子中噴些水霧，就能預防蛻皮問題的發生。當然你也可以將蛇浸泡在溫水中。如果蛇身上殘留著一塊一塊的皮，將牠放在防逃脫但通風的容器中，浸泡約一小時左右，就能緩解此問題。

挾蛋症

　　挾蛋症，或稱難產，是指妊娠中的雌性動物無法產蛋或無法將所有蛋產下的情況。這通常是因為沒有適合的築巢區域所導致的問題。雌性玉米蛇有種本能，讓牠知道產蛋的地點及時間，因此若不能將蛋

產於牠認為能讓蛋存活的區域，牠就會讓蛋一直留在體內，直到導致母體死亡為止。

挾蛋症的症狀包括下軀腫脹，以及在飼育箱內頻繁且急躁地移動。如果是這種情況，只要為雌性動物提供適合產蛋的環境就能解決問題。（關於為玉米蛇布置生產箱的方式，請詳見第六章。）如果是像這樣簡單的問題，那麼只要在找到合適

這隻黃鼠蛇蛻皮不順利。注意其眼蓋被殘留下來，若飼主未採取行動將會產生問題。

的產蛋區域後，雌性動物應該會在幾小時內（而非幾分鐘）將蛋產下。但若雌性動物還是無法產蛋，那就表示有其他原因，或者已經嚴重到子宮壁壞死的程度。這時若想要蛇活下去就要儘快進行手術。如果你的蛇明明有了合適的築巢區域，看起來卻還是很煩躁且無法產蛋，請儘快去看獸醫尋求照護。

也有這樣的例子是，並非雌性動物不想產蛋，而是牠無法產蛋。有時候，可能是有大型蛋或形狀怪異的蛋卡在生殖道，就像個塞子一樣，堵住了它後面的蛋。也有可能是因為蛋被產下前就已經死亡，且已經在該雌性動物的體內腐爛。那麼雌性動物的免疫系統就會開始對付這顆腐爛的蛋，並造成腫脹的情況，如此一來也就會堵住生殖道。如果你懷疑有上述情況之一發生，就應該立刻將玉米蛇送到獸醫院照 X 光，並接受手術治療。對蛇而言，難產卻沒得到治療是極其痛苦的，且可能在幾天內死亡。

要預防雌性玉米蛇難產有個最佳經驗法則，就是在讓牠們配種之前，多把玩牠們並讓牠們多運動（但一旦牠們懷孕後，除非必要否則

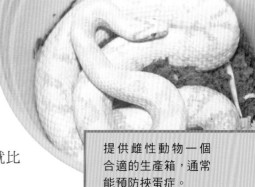

不要把玩牠們）。強壯且健壯的
雌性玉米蛇會擁有強而有力的肌
肉，體格也會相對結實，就比較不
會有挾蛋症的問題；而虛弱、懶散、
體重過輕或運動量不足的雌性動物，就比
較容易遇到挾蛋症。

提供雌性動物一個
合適的生產箱，通常
能預防挾蛋症。

蛇生病的跡象

若你的玉米蛇有下表中任一跡象，就表示要看獸醫了。
只要心有疑慮，最好馬上諮詢在爬行動物醫學有經驗的獸醫，而不是坐等
問題發生。動物們愈早看獸醫，康復的機會就愈大。

· 持續拒絕進食且體重下降
· 糞便異常——糞便過稀、顏色異常、氣味過重、有蟲
· 原因不明的體重下降
· 嘔吐
· 口腔或鼻子有泡沫或氣泡
· 肛門有突出的組織
· 起水疱、有燒傷或其他顯見的傷口
· 身軀翻過去時，無法自行將身軀翻正

燒傷

造成燒傷的原因是玉米蛇太靠近熱源所致。燒傷的範圍從輕度至
重度都有，必須要按照燒傷程度來治療。除了最輕微的燒傷外，其他所
有程度的燒傷都要馬上看獸醫並進行治療。雖然輕度燒傷可能看不出任
何外部跡象，但玉米蛇會對燒傷處周圍表現得非常「敏感」。不幸的是，
所有輕度燒傷稍不注意就會得更嚴重，畢竟若是在沒注意到症狀的情況
下，愛好者們不太可能會把有問題的加熱設備拿掉。

磨蹭鼻子

玉米蛇愛好者常遇到蛇磨蹭鼻子的問題，
這是由於使用了尺寸過小的飼育箱，或者提供給蛇的躲藏區域不足所導致。
玉米蛇就跟其他蛇類一樣，牠們需要攀爬、滑行及移動的空間。當牠們被養
在小到恐怖的居住地，或者躲藏空間不足時，牠們就會開始去推牆壁、地
面及蓋子試圖逃脫。牠們愈磨蹭，鼻子（吻鱗）就會被磨損得愈嚴重，很
快地就會把鼻子擦傷，並且變成血糊糊的一片。若讓牠們繼續下去，最後
可能會連骨頭都磨傷；最終造成嚴重感染，或是永久性的面部或顏面毀容。
治療磨蹭鼻子的初步方法就是使用局部抗菌軟膏，並對飼育箱做出適當的
調整。

　　輕度至中度燒傷的症狀是變色斑點、輕微硬化的皮或易碎的鱗片。
在找獸醫看診之前，可以先用局部抗菌軟膏來進行治療，而燒傷常會導
致脫水，因此務必要提供大量乾淨的水。燒傷也會引起快速蛻皮週期
——玉米蛇會迅速將老舊、燒傷的鱗片，蛻成鮮明的新皮肉。

　　而重度燒傷則完全是另一個層次的問題了。這通常是由於玉米蛇直
接接觸陶瓷加熱設備、日光浴燈或有瑕疵的發熱岩石所引起。症狀包括
皮肉嚴重燒傷、深開創性傷口、傷口周圍嚴重腫脹，以及大面積的肌肉
損傷。請立刻尋求獸醫的幫助，因為這種性質的燒傷完全是緊急狀況。

　　重度燒傷可能會在瞬間發生，且比起治療而言，預防要來得簡單
許多。請確保玉米蛇絕不會直接接觸到任何加熱設備，且絕對不要讓日
光浴燈或加熱設備懸掛於飼育箱內，務必在日光浴燈及玉米蛇之間，加
上一個堅固且防逃的掩蔽蓋。

齧齒動物咬傷

　　另一種很少發生在玉米蛇身上的病痛，就是遭齧齒動物咬傷，其
中一部分是因飼主的無知或疏忽而導致的直接結果。很多飼主會在把活

著的小鼠或大鼠丟進玉米蛇的飼育箱後，就逕直離開。愛好者們會這麼做是因為沒考慮到一件事情，也就是如果玉米蛇不餓的話，牠並不會把獵物殺死或吃掉。

而另一部分，則是因為大小鼠都是雜食動物，只要找到能吃的東西就會毫不遲疑地啃咬。在玉米蛇無法擺脫齧齒動物的啃咬慾望時，捕食者和獵物間的形勢就會轉而對齧齒動物有利。玉米蛇與老鼠起衝突的最終結果可能會相當嚴重——就算不致命——玉米蛇也會負傷。即便玉米蛇從嚴重老鼠咬傷中復原了，餘生可能要帶著傷殘的身軀活下去。

玉米蛇攻擊並殺死獵物時，也會發生較輕微的齧齒動物咬傷狀況。因為蛇要一些時間才能制服獵物，而齧齒動物為了活下去會盡其所能地掙扎，通常會用爪子抓扯，甚至深咬進玉米蛇的鱗片或雙眼。在自然環境中常見到這種咬傷，且野生捕獲的蛇身上，也常帶著很多齧齒動物掙扎時啃咬所留下的齒痕傷疤。

如果因為輕微咬傷而導致流血，或者受傷部位是如眼睛、鼻子、喉嚨、泄殖腔這樣的敏感部位，那麼就該帶去讓專精於兩棲爬行動物的獸醫檢查傷口，並給予適當的藥物治療。只餵玉米蛇吃死食的話，就能完全避免齧齒動物咬傷的問題。

圖為被老鼠嚼爛的王蛇尾巴。餵食死食可以避免這種情況發生。

第六章

玉米蛇繁殖

在許多愛好者們看來，飼養任意種類爬行動物或兩棲動物的最終挑戰，就是人工飼養繁殖。我們很多人把玉米蛇買回家時，通常牠們都還很年輕，可能還是幼蛇。之後我們會餵牠們、養牠們，看著牠們成長。牠們會在我們的照顧下長大成熟，到時不可否認的是，會有種動力讓我們想看牠們展開生命的另一個階段。我們會想看到自己的寵物將生命週期發揮得淋漓盡致。更重要的是，我們想成為見證那生命週期的一份子。我們想看到自己的玉米蛇和另一隻蛇配種，想看到雌性因懷有蛇蛋而腫脹、孕育蛇蛋到產下蛇蛋；最終，我們會期望看到那些蛋被孵化出來──那樣的奇蹟，則將下一代玉米蛇帶來世上。

不應該草率做下讓玉
米蛇繁殖的決定。

你不能馬虎做出讓玉米蛇進行繁殖的決定，畢竟繁殖及孵化蛇蛋都是重大任務，而且即將孵化的年輕玉米蛇的生命，可說是掌握在你的手中。假如有 10、20 甚至 30 隻年輕玉米蛇孵化出來你要怎麼辦？若要飼養牠們你負擔得起嗎？你知道要把牠們賣到哪裡，或者你有辦法將牠們交給其他有責任感的養蛇者嗎？一旦你能對上述這些問題給出合情合理的答案，並決定繼續繼續這件事，那就是時候開始你的繁殖計畫了。但首先，你要先確認你所選的那對蛇有所有正確條件。

性別鑑定

有幾種方式可以用來鑑定玉米蛇的性別。雖然不是全部的方式都 100％準確，但綜觀來說，是有幾種方法能讓你確定你的蛇是雄性者雌性。

尾巴長度及尖細

第一種方法是查看玉米蛇的尾巴，雌性的尾巴從肛門處起算會很

就玉米蛇及其他鼠蛇而言,雌性的尾巴自肛門起算會很快形成尖細狀(下圖),而雄性逐漸變得尖細的程度則較緩(上圖)。此外,雌性的尾巴長度通常也比雄性還短。

快形成尖細狀,並且跟相同大小的雄性比起來尾巴要短許多。雄性的尾巴比雌性長很多,且逐漸變得尖細的程度也比雌性還緩。這是因為雄性玉米蛇要在體內擺放的生殖器官較多,因此需要尾巴部分的額外區域才能做到這件事。把幾條蛇個體拿來比較以後,很快就能明顯看出哪一隻是雄性、哪一隻是雌性。

　　但要是你只有一條蛇怎麼辦?你要怎麼在沒有對照的情況下辨別蛇尾的尖細?好在玉米蛇有一定數量的尾下鱗——也就是在泄殖腔偏後方成對出現的鱗片。雄性玉米蛇有 70 至 80 對尾下鱗,而雌性則只有 59 至 70 對尾下鱗。記得,在算尾下鱗時,要把每一對(左和右鱗片)看成一對來算,而不是兩對。否則在正確數量應該是 60 對時,你最後可能會數出 120 對這種不可能的鱗片數。

探測法

　　第二種鑑定性別的方式是探測法。顧名思義,探測指的是使用細長金屬探針,將其插入泄殖腔中,並尾巴附近的皮膚下滑動。如果探針在通過 2 至 3 對尾下鱗後就遇到阻力,並被阻擋下來時,那麼你的蛇就

是雌性。如果探針在通過 6 至 8 對或更多對尾下鱗才遇到阻礙，那你的蛇就是雄性。但由於這個方法要將金屬棍插入玉米蛇身體的脆弱部位，所以探測是種應該僅由熟練專家執行的專業動作。如果你從來沒探測過任何玉米蛇，請去找受過訓練的專業人員或獸醫的幫助，讓他們告訴你正確的做法。在沒有經驗的情況下絕對不要試著進行探測，因為錯誤地探測可能會嚴重傷害蛇類的生殖器或生殖道，這將導致感染、內出血、疼痛及不孕等症狀。

半陰莖外翻法

第三種鑑定性別的方式是外翻（eversion），且應該只由有經驗的愛好者來進行。外翻（又稱推進）僅用於極其年輕的蛇類身上，通常是在 6 個月以下。用一隻手撐著蛇身，並將手放在泄殖腔靠前的位置，而另一隻手則放在泄殖腔靠後的位置，用拇指從蛇尾巴往泄殖腔的方向推，讓年輕玉米蛇的生殖器露出來。如果看到一或兩個外觀奇特的粉色或紅色肉莖，那就是雄性。如果只看到泄殖腔，那就是雌性。這個手段的危險程度真的無法言喻。因為要讓玉米蛇的生殖器外露到體外，並沒有什麼溫和或安全的方式。外翻可能導致永久性生殖、肌肉或神經系統損傷。除非有某個熟練人士示範給你看，否則請勿嘗試這種手段。就算知道之後，也最好使用其他更安全的方式來替你的蛇做性別鑑定。

高科技性別鑑定

某些性別鑑定的終極方式直到最近才出現。

熟練的獸醫可以透過查看玉米蛇的 X 光片結果，以判斷出玉米蛇的性別，且具有高準確率。同樣地，從動物身上抽取血樣並進行 DNA 凝膠測試，也是種鑑定性別的好方法。凝膠測試是種複雜的方式，基本上是讓玉米蛇的 DNA 以視圖呈現。雄性和雌性的視圖不同，因此當凝膠測試完成後，獸醫就能以幾乎無誤的準確率告訴你，你的玉米蛇是雄性還是雌性。由於科技手段的增加，愈來愈多愛好者想要讓牠們的動物進行繁殖，且 X 光片和 DNA 凝膠測試的價格都逐漸下降中。使用上述方法來鑑定玉米蛇的性別都是非常安全且人道的。

繁殖條件

就算你有一隻雄性和一隻雌性玉米蛇，也不表示就保證能成功配種。玉米蛇長到大約 33 至 36 英吋（83.8 至 91.4 公分）長時會達到性成熟，在達到這長度區間之前，不應該使其進入繁殖狀態。過早繁殖的雌性可能會患上許多疾病，這是由於懷孕及產下多顆蛇蛋的過程，可能對牠的身體造成負擔。雄性會較早達到性成熟，但這對牠們而言並無好處，因為年輕雄性玉米蛇通常不知道怎麼應付處於發情期的雌性。

繁殖玉米蛇的時機等愈久愈好，因為較大的動物（尤其是雌性）與較年輕、較小的蛇相比，能更好地應對下蛋的嚴苛考驗。我個人通常會等到雌性達 36 至 40 英吋（91.4 至 102 公分）長後，才讓牠進行繁殖。如果你在你的玉米蛇達 33 至 36 英吋（83.8 至 91.4 公分）左右就使其繁殖，那麼在四年內，建議每兩年才讓牠繁殖一次。要是讓雌性玉米蛇太年輕就過度繁殖，可能會大幅縮短牠們的繁殖壽命或生命。過度繁殖的雌性與在配種年後有休養時間的雌性相比，通常會早 5 至 10 年

死亡。此外，過度繁殖的雌性可能在 12 至 13 歲區間就停止產蛋，而那些有獲得休息時間的雌性，就算到 16 至 18 歲仍很強壯，且還能一次產出 20 至 30 顆蛋！

繁殖前狀況調整

由於繁殖過程對雌性玉米蛇而言相當費力，因此在配種前要先讓牠調整好狀態。如果你打算讓牠在 3 歲時配種（大多蛇類在此時達到推薦尺寸範圍），你就要在牠 2 歲那年盡可能餵牠多吃高營養食物。只要牠願意吃就經常餵牠，但如果不想牠過胖，也不要在每 6 至 7 天內餵超過兩次。讓雌性在進入過冬期前達到最佳體重是很重要的事情（參見後文），因為牠需要額外的身體質量，以幫助牠產下蛇蛋。

最好等到你的雌性玉米蛇達到至少 33 英吋（83.8公分）後，再嘗試讓其進行繁殖。

在預備調整期間餵給雌性的所有食物中，都應該撒上鈣及維生素 D3 粉末。要成功形成結實的蛋殼，關鍵就在於雌性於配種前食用的鈣量。如果牠的飲食中鈣含量不足，那雌性就會產下薄殼蛋，這就容易產生水分不足、真菌感染的狀況，且通常孵化率較低。反之，良好鈣化蛋的外殼呈現象牙白色、厚殼，且在孵化期間對黴菌、真菌、脫水及其他問題有高抗性。

懷孕的雌性不僅需要這些額外營養來妥善生育後代，也因為大多數玉米蛇在孕期間不吃任何形式的食物，所以牠需要儲備營養，以在孕期（妊娠）間維持牠的生命。營養不足的雌性懷孕可能在下蛋前就先死

於飢餓——那麼愛好者就會在失去雌蛇的同時，也失去了蛇蛋。

在預備調整期間提供足夠的食物和營養給雌性，也有助於牠在下蛋後迅速恢復。狀況不佳的雌性玉米蛇在下蛋後可能會吃很大的苦。這些蛇可能會一直過輕，可能會有進食或移動問題，也有可能因為懷孕太費力而造成骨骼問題。在極端的情形下，狀況不佳的雌性可能會完全拒吃食物，並在產蛋後不久死去。

過冬

在野外，玉米蛇會在春季進行繁殖。春季的暖陽溫暖了大地，此時玉米蛇就會從漫長的冬季睡眠中醒來（稱為冬化）。牠們會喝水、蛻皮，吃個一兩餐之後再去尋愛。而在人工飼養的環境中，去模擬這種季節的自然循環並不是非常重要，因為沒經歷過季節性循環的玉米蛇往往也會繁殖。不過經歷過循環的玉米蛇通常會產下較大窩且更健康的蛋。為了取得最佳繁殖結果，建議使其進行適當的過冬期。

在 10 月末幾週或 11 月初的幾週，餵你的玉米蛇吃幾餐較豐盛的餐點。就雌性而言，這幾餐都應該攝取雙倍鈣量，因為來年春季時，牠們需要鈣才能產出健康且厚殼的蛋。讓你的蛇完全消化並排出這些食物，但這之後就不要再餵食了。一旦你確定牠們的消化道已經清空後（離最後一餐約兩週時間），將不同性別的蛇分開來，並分次逐漸（7 至 10 天內）將每個飼育箱內的溫度調到 52°至 57°F（11°至 13.9°C）左右。

務必提供一個藏身盒、乾燥底材，及持續供應的乾淨飲用水給每

這是一對配種中的玉米蛇。這張圖中，雄蛇是紅色白化玉米蛇，而雌性則是普通類型。

條蛇。基於牠們的天性本能，你的玉米蛇將會縮入藏身盒中，並進入深度睡眠狀態。在這段時間內，不應該經常去打擾牠們。同時也建議，儘量減少蛇受到光線照射的時間，因為大自然中的過冬期環境是陰涼、黑暗且安靜的。每隔兩週，你可以將藏身盒拿起來，查看一下沉睡中的蛇，確保沒有任何問題。也請記得視需求來清潔水盆並加水。

在冬化（brumation）經過約 60 天後（約 2 月 1 日至 2 月中旬左右），你就能逐漸將溫度升回到日常高溫 75°至 78°F（23.9°至25.6°C）。玉米蛇將會很快恢復到正常活動水準，且每天需至少給予7 至 8 小時的燈照。為剛醒來的蛇提供大量乾淨清水及一餐。在進食後，你的玉米蛇很可能會蛻皮。而在蛻皮完成以後，請將雄性放到雌性的飼育箱內。

配種

當雄蛇發現附近有雌蛇後，只要是成熟的雄性玉米蛇，就會毫不猶豫地展現出自己的意圖。牠會快速彈舌，並感受性接受雌蛇散發出的氣味及空氣。牠會在雌蛇身旁及身上滑動，沿著雌蛇的身軀進行快而急的移動，直到牠們的泄殖腔對上為止。在此期間，雌蛇也會在飼育箱周圍滑動，同樣是快而急的動作。在兩隻動物都準備好後，雄蛇會蜷曲自

己的下半身將雌蛇繞住，用自己的尾巴抬起雌蛇的尾巴，並將自己的一個半陰莖插入雌蛇的身體。在這個過程中，通常雄蛇會咬著雌蛇的脖子來進行。

交配的過程可能只持續短短幾分鐘，也有可能持續一個多小時。在接下來的幾天中，也可能會再發生幾次交配行為，且通常是在夜間最黑暗的時間點進行。

如果你已經把一對玉米蛇放在一起，但牠們卻沒有進行交配，那你可以試著把箱子蓋住或者離開該房間。因為蛇有可能只是因為「害羞」且需要一些隱私而已。玉米蛇的交配行為有時候動靜會有點大，所以如果你聽到飼育箱傳來猛撞或碰撞聲，也請別擔心，這並不是因為你的蛇打起來了。在觀察幾次交配行為後，或者在約一週左右，你就可以把雄蛇放回到自己的籠子了。

正在泥炭蘚中產蛋的雌性玉米蛇。

懷孕及產蛋

在孕期間，雌蛇需要大量獨處空間及水分攝取。在此期間，牠可能比平常喝更多的水，但卻完全拒絕進食。雖

說如此，你還是要每兩週提供一餐給孕期中的雌蛇。即便牠會拒吃前幾餐，但最後牠可能還是需要額外的營養，並會把老鼠吃掉。記得為孕期間雌性提供的食物都要是死食，這是因為制服獵物的壓力可能對牠或牠孕育的蛋造成不良影響。要知道懷孕的雌性多半時間會躲藏起來，在此孕期間請勿把玩牠。

大約 60 天後，你會注意到雌蛇的活動量明顯增加。牠會從藏身處中出來，在箱子各個水平面滑行、在玻璃邊緣探來探去，甚至可能會試著逃出。這個行為是牠準備要產蛋的明確跡象。某些兩棲爬行動物飼養家注意到，雌性玉米蛇幾乎都會在產蛋 10 天前左右蛻皮（Bartlett 1996）。取一個塑膠儲物盒和合適的蓋子，並以濕蛭石填料或泥炭蘚填滿內部四分之三空間，就能做出絕佳的產蛋盒。在箱蓋上割出一個孔，並將此盒子放進雌蛇的飼育箱內。由於產蛋是種磨人的考驗，聰明的愛好者會用厚布料來蓋住飼育箱，這樣便能提供雌蛇需要的所有隱蔽。在雌性玉米蛇準備好後，牠會爬進產蛋盒裡，在蛭石混合物中挖出個洞穴來，並開始產蛋。聰明的做法是愈早將產蛋盒放進去愈好，並查看助產介質沒有乾掉。

這整個過程可能會花上幾個小時，在雌蛇產蛋的期間，請絕對不要打擾牠。由於產蛋結束後牠會筋疲力竭，所以牠有可能爬離那些蛋，也有可能不會。這些蛋很快就會整窩暴露在空氣中。在把蛋移到孵蛋器時，請注意不要讓蛋與蛋散開來，也不要把蛋顛倒過來。請將蛋以你在產蛋盒中看到的原樣放入孵蛋器。

而雌蛇最後會爬回自己的藏身盒，且接下來的幾天可能都會待在裡頭。如果牠願意吃請儘量餵食牠，畢竟牠的體重和力量都會變低，牠吃得愈多，就愈快恢復過來。在每餐中都添加鈣及維生素 D3，並稍稍替牠提高一些溫度（5°以下），因為牠需要熱氣來完整代謝掉食物，這

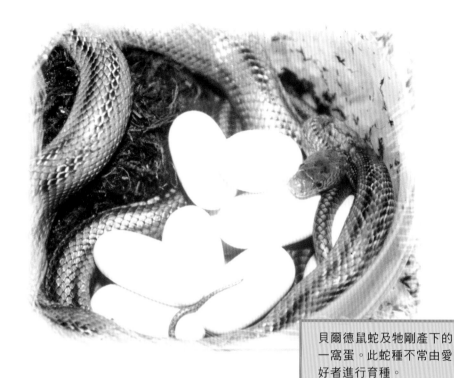

貝爾德鼠蛇及牠剛產下的一窩蛋。此蛇種不常由愛好者進行育種。

樣才能確保牠快速恢復。

在雌蛇生產後，請務必要讓牠獨自居住，因為其他雌蛇的動作可能會讓牠產生壓力。而若將牠和雄蛇放置在一起，那雄蛇可能會試著想再次和牠進行繁殖行為，這可是牠此時最不需要的事情。等牠開始滑動且體重恢復後，雌蛇就完全休養好了，這時你就能妥當地將飼育箱內的溫度調回到正常溫度，並開始按照平常的餵食時間表來餵牠。

孵蛋

孵蛋從理論上來說很簡單，但實際操作卻相當複雜。玉米蛇蛋和其他所有產蛋蛇類一樣，有著柔軟、皮革般的外殼，並且被高溫氣體和濕氣交流的空氣包圍。硬殼鳥蛋可產在露天環境中，是因為牠們可以留住水分。然而爬行動物的蛋卻必須產在穩定、濕潤的環境中才不會乾

掉，這情況在不適當的環境中很快會出現。同理，必須將溫度維持在穩定的水平，才能確保蛇蛋中的胚胎正常發育。若溫度降得過低或升得過高，則玉米蛇胚胎要不就是發育不當（孵化後出現畸形的狀況），更甚者還可能死亡。因此，成功孵化玉米蛇蛋的關鍵，就在於保持溫暖且潮濕的環境。

在野外環境中，雌性玉米蛇會將蛋產在潮濕碎屑、腐爛木頭之下、護蓋物堆之中，或者其他像這樣能保持濕潤，且溫度不會發生極端變化的區域。而在人工飼養的環境中，我們則必須要做出人造孵蛋器，以達到讓蛇蛋發育及孵化出來所需的所有要求。有很多方法可以做到這點。

玻璃容器（就連梅森罐都可供一窩極小型蛇蛋使用）、塑膠儲物箱，或 10 加侖（37.9 公升）的水族箱，都是用來做孵蛋器主體的絕佳選擇。在容器底部放入 2 至 3 英吋（5.1 至 7.6 公分）左右的孵化介質，可用介質包括泥炭蘚、蛭石填料、珍珠岩，甚至是疊得厚厚的紙巾也可以。不管你選擇使用哪一種孵化介質，請務必要使其一直保持濕潤。將蛭石填料、珍珠岩，或泥炭蘚和清水以 1：1 的重量混合。混合物成品摸起來必須要濕潤，但可不能濕到滴水，請用手將其擰乾，直到沒有水滴下來為止；此時濕潤度仍可滿足蛇蛋需求。在備好孵蛋器主體和介質後，就是時候考量加溫設備了。選擇怎樣的加溫方式取決於你，能用的方法有很多。有些愛好者會將水族箱加熱器浸在潮濕的底材中，有些人會在孵蛋器中放入一盆水，並將整個可沉水的加熱器放進盆子裡。有些人則是使用有加熱燈或加熱設備的恆溫器。我甚至有過完全不使用加熱器仍成功的經驗，且僅是將孵蛋器放在光線充足的窗戶附近就做到了。我個人建議愛好者在蛇蛋附近放一盆水，並將完全可沉水的水族箱加熱器放進盆裡，把溫度計設置在 85°F（29.4°C），再每天用瓶裝水重新填滿盆子。使用瓶裝水是因為城市水和井水可能含有化學物質（例如氯

或氟），這對發育中的胚胎可能有害。而加熱器能為孵蛋器提供穩定而溫和的溫度，且透過加熱及蒸發水分，也會產出相當大量的濕度。

孵蛋器的蓋子要不透水

一窩鼠蛇蛋的數量

物種	一窩蛋的數量
貝爾德鼠蛇	6-14
黑鼠蛇及亞種	12-25
玉米蛇	8-30
狐蛇（兩物種）	7-30
綠鼠蛇	3-6
墨西哥玉米蛇	3-10
泛貝克斯鼠蛇	4-12

請注意有時候一窩蛋會超過這些數值。這些數字僅代表該物種的正常範圍。

才行。你可以在 10 加侖（37.9 公升）的改式水族箱上放一個篩蓋，並用一到兩層的玻璃紙將其覆蓋，這樣就能一次解決濕氣及氧氣交流的問題。由於最重要的是要讓蛋保持濕潤，所以蓋住篩蓋的 90％就能捕捉濕氣，而剩下 10％未覆蓋的部分，就能讓充足的氧氣流通進孵蛋器內。如果你使用了塑膠儲物盒來做孵蛋器，那你絕對要在蓋子上割出或戳出一些非常小的孔洞。

在雌蛇產下蛇蛋以後，請小心地用手將蛇蛋從產蛋盒取出，並放入孵蛋器內。在移動的過程中，請勿轉動或翻轉任何一顆蛋，也務必不要讓任一顆蛋從一窩蛋中分散開來，假若某些蛋本來就沒和其他蛋靠在一起的話就沒關係，但如果有的話請勿把牠們分開。把蛋放進介質中、打開加熱器、蓋上蓋子，並每天查看蛇蛋是否有任何問題。若蛇蛋側邊出現小坑，可能表示濕度過低，若是長出真菌或黴菌，可能就表示濕氣過多且氧氣不流通。在孵蛋器中放置一個溫度計和濕度計，你就能完美了解孵蛋器內的氣候條件，並能適時進行調整。玉米蛇蛋的理想孵化

溫度條件是 80°至 83°F（26.7°至 28.3°C），相對濕度則是 77 至 80％。

在蛭石填料上孵化中的玉米蛇。這些蛇蛋上雖有著色變髒的情況，但這並沒有影響牠們的發育能力；這窩蛋中的每顆蛋都孵化出來了。

數百萬年來，玉米蛇蛋一直都在野外環境中孵化，因此於短期內可承受溫度及濕度的細微變化。不過最好還是提前個幾天設置好孵蛋器，以避免溫度及濕度有任何劇烈波動產生。請視情況監控並調整濕度及溫度。這可以防止溫度驟升或驟降所引發的損失。

如果某一窩蛋有任何長黴的蛋，就拿出來移到另外獨立的孵蛋器中放置，若是長黴的無精蛋（假蛋）則拿出來丟棄。只要別讓黴菌在蛋上肆意蔓延，通常對蛋不會有致命性。到蛋孵出來以前，每天都用濕布輕拭受影響的蛋，清掉所有可見的黴菌。只要順利調整好以後，孵蛋器就會像微型溫室一樣運作，很快就能孵化出下一代的玉米蛇。

幼蛇

第一次讓玉米蛇進行繁殖時，幼蛇將會成為你生命中很歡樂有趣的部分。某天你打開孵蛋器的蓋子，突然看見 20 幾隻小玉米蛇用嘴破殼而出，吐著舌，第一次睜眼看世界。即便是在使牠們進行多次繁殖後，蛇剛孵化出來的時候，仍是最令人興奮且暖心的時刻。

在孵化期約 60 至 70 天左右時，發育中的玉米蛇就準備好要孵出

溫度與性情

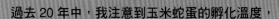

過去 20 年中，我注意到玉米蛇蛋的孵化溫度，對新生後裔的性情有一定的影響。若在可接受範圍（範圍是 79°至 86°F〔26.1°至 30°C〕）偏低溫孵出來，幼蛇往往更溫和、冷靜，餵食上更沒問題，也更容易把玩。孵出此「溫順類型」的溫度範圍是 79°至 82°F（26.1°至 27.8°C）。

當蛇蛋在可接受範圍偏高溫孵出來，新生幼蛇常會咬人、抗拒餵食、沒禮貌，且成長到成年期後會更難把玩。孵出此類型的溫度範圍是 83°至 86°F（27.8°至 30°C），且會比其他同窩蛇蛋還早 2 至 3 週孵化出來。在成年期時，這些玉米蛇容易產出較小一窩的蛇蛋，且與在較低溫度下孵出來的蛇相比，也達不到與牠們相同的體重。

來了。牠們的吻鱗處長著獨特的突骨。形狀很像美國原住民所用的箭頭，這個被稱為卵齒（egg-tooth）的生長物相當銳利，玉米蛇寶寶在蛋中移動時，卵齒會在皮革般的殼上弄出細小裂縫。在弄出夠多這種微型裂縫後，卵齒最後穿透蛋殼時，胚胎液體便會流出來。接著年輕的玉米蛇會用頭破殼而出，以呼吸第一口空氣。在蛋被弄出裂縫後，蛇有可能會探頭，也有不探頭的情況，這種蛋被稱為「pipped」。重要的是，你不能以外力強迫幼蛇過早從蛋中離開。在完全脫離蛋殼前，玉米蛇幼體可能會待在裡面，只露出一顆頭且持續幾小時甚至幾天的時間。在此期間中，蛇寶寶其實是在吸收著最後的卵黃囊。唯有將卵黃完全吸收完畢且臍帶斷開後，幼蛇才會離開牠的蛋殼。用外力使牠離開蛋殼或拉動幼蛇往往是個致命錯誤。還有，在孵化時請務必將蓋子蓋在孵蛋器上。我能了解想觀看孵化過程每分每秒的心情，但要是讓孵蛋器的蓋子大開會導致蛋殼乾掉，這就可能會使初生蛇受到壓迫或陷入困境。

飼養新一代

在牠們完全從蛋中孵出來以後，每隻玉米蛇寶寶都應該要被放置在自己專屬的棲息地。在這個生命的早期階段，只要拿個 Deli 杯，在裡面鋪上摺疊紙巾就能讓牠們居住了。在前兩週間，請避免讓幼蛇住在有機底材上，這是因為牠腹部的傷口（臍帶連接處）可能會受感染，尤其萬一幼蛇在骯髒的有機材料上爬行更是會如此。雖然幼蛇有幾天的時間都不會進食，但重要的是，要提供乾淨的飲用水給每隻幼蛇喝。使用如藥瓶蓋等非常淺薄的碟子，因為要是使用深且陡峭的水盆，幼蛇可能會爬進去而被淹死。

在孵化後 7 至 10 天內，幼年玉米蛇就會經歷第一次蛻皮。這種蛻皮被稱為出生後蛻皮或孵化後蛻皮，這件事代表著玉米蛇願意進食的開始。預先處理好的粉色乳鼠通常會受到牠們的喜愛，但還是有些蛇需要人家強迫才會吃第一次餐。先從餵粉色乳鼠開始，等到每個餐點都被完全消化完畢後，才能再餵下一餐。在吃過幾餐以後，就能把幼蛇像成年蛇那樣，放在小箱子裡飼養了。

頑抗進食者

有時候，你會發現剛孵化的玉米蛇或鼠蛇不想進食。通常來講，如果你持續提供食物，會發現蛇最後還是會把它吃掉。為了幫助小蛇進食，你可以試著在黑暗的環境下餵食，可以等到晚上或是在飼育

剛睜眼初次看世界的白化玉米蛇。

箱外放些遮蔽物。在像 Deli 杯這樣狹窄的空間中餵食，也能鼓勵牠們進食。

獵物開腦法

　　如果你的幼蛇一直拒吃食物，你就不得不使用某些手段來引誘蛇進食。其中一種就是將獵物「開腦」，請只將此方法用在預先殺死的死食上。使用一把鋒利的刀子，將粉色乳鼠的頭骨上開一個口，並將滲出來的腦和血液塗抹在整隻粉色乳鼠上。雖然這種方式聽起來很殘忍，

同一窩玉米蛇蛋孵化的時間點通常很接近，通常是在幾小時內相繼孵化。

但你要記住的是，那隻粉色乳鼠已經死了，並不會有感覺，而這種腦及血液的氣味，可以將格外挑食的進食者，變成狼吞虎嚥粉色乳鼠的機器。在你對前幾隻粉色乳鼠用上開腦方式後，你剛孵化出來的玉米蛇應該就會不討厭食物，且應該會開始接受未開腦的粉色乳鼠。

蛇類，不管是成年蛇或幼蛇，只要是拒吃齧齒動物的蛇，通常都會受蜥蜴或沾有蜥蜴氣息的粉色乳鼠所吸引。圖為正在吃針蜥的貝爾德鼠蛇。

輕碰法

第二種方法，就是拿粉色乳鼠去輕碰你的年輕玉米蛇。用你的大拇指和食指捏起預先殺好的粉色乳鼠，並用牠輕輕地碰一碰幼體玉米蛇身軀的兩側。這種動作會刺激到年輕玉米蛇，且通常會誘使牠們進行攻擊，並用下巴抓住粉色乳鼠後開始吞嚥。在牠開始這樣做以後，你必須要保持完全靜止不動直到幼體玉米蛇用完餐為止，因為你的任何動作都可能嚇到玉米蛇，導致牠把粉色乳鼠吐出來，或甚至攻擊你。

氣味誘食法

有很多愛好者會使用氣味誘食法來引誘年輕小蛇進食。氣味誘食法指的是，用有氣味的物體完整磨蹭你要給幼蛇吃的食物。這會讓食物聞起來像那個有氣味物體的味道。這可能會誘使蛇寶寶去吃牠之前拒吃的獵物。拿很小型的無毛粉色乳鼠來舉例，牠們通常沒有氣味或者氣味很淡，這樣一來，某些幼體玉米蛇可能就會不把這些乳鼠當作食物來看

待。使用成年大鼠或小鼠，將其用力地磨蹭粉色乳鼠的毛或皮膚，這樣粉色乳鼠身上就會帶有那種更開胃的味道，並能吸引到年輕玉米蛇。在餵拒吃非老鼠食品的蛇吃蛇香腸或其他加工食品時，也可能會出現類似的情況。

灌食法

讓拒吃食物的幼體玉米蛇乖乖吃飯的最後一招，就是使用粉色乳鼠注射器。粉色乳鼠注射器是種金屬注射器，將其從後面打開，把粉色乳鼠放進去後，它就會使粉色乳鼠液化。你可以將圓形的那端小心

蜥蜴的氣味

有時候不管你用什麼方法，蛇寶寶就是拒吃齧齒動物。在採取使用粉色乳鼠注射器這樣極端的方式前，除了使用別隻齧齒動物外，你可以試試氣味誘食法。要知道，在野外環境中很多幼體玉米蛇都會吃蜥蜴。將粉色乳鼠沾染上蜥蜴的氣味後，通常可以刺激你的幼蛇把粉色乳鼠吃得精光。雖然小型變色樹蜥和壁虎往往效果最好，但其實幾乎任一種蜥蜴都可行。如果你不想因為把你的寵物蜥蜴拿來磨蹭粉色乳鼠，而使牠焦慮的話，蜥蜴蛻下來皮膚也可以拿來使用。

地放入玉米蛇寶寶的嘴巴裡，之後再將液化後的食物小心緩慢地注入幼蛇的喉嚨中。如果你選擇了灌食法（必須當成最後方法來用），請務必在注入食物後，讓幼蛇儘快把食物吞下去。 因為液化的老鼠終究不是真正的液體，你灌食的時候不能太快，要是玉米蛇來不及吞嚥碎塊混合物的話，恐怕會噎到或造成內部傷害。請一定要讓有經驗的人來示範給你看，教你如何正確粉色乳鼠注射器。

在牠吃掉前幾餐以後，你就能開始按照餵食章節所建議的方式，使用鈣及維生素補充品餵食計畫表來餵食你的幼體玉米蛇。等到餵食和其他方面都沒問題後，就能像對待其他蛇那樣照顧你的小玉米蛇了——這可是擁有超過 2500 萬年歷史的玉米蛇世代中，最年輕的成員呢。

第七章

玉米蛇的色彩

因著愈來愈多兩棲爬行飼養家在人工飼養繁殖方面持續努力著，愈來愈多色澤品系的玉米蛇出現於寵物市場。愛好者及專家們透過稱為選擇性育種的過程，可以增強動物身上某些色澤使其更明顯，當然也能減少某些色澤。其結果，就是玉米蛇身上出現了在自然界中絕不會出現的色澤及紋路。請務必記得，所有天然玉米蛇都只有四種基本色：黑色、紅色、黃色及白色。透過對這些顏色的比例和強度進行微調，育種員可以在他們的玉米蛇身上，創造出一些驚人的色彩及紋路。

基本背景

　　我們就先從選擇性育種以及遺傳學的一些背景開始吧。動物身上每個基因都是由許多 DNA 分子所組成，且造就了生物的特定型態外貌。舉例來說，你的瞳孔顏色、鼻子形狀、耳垂及頭髮長怎樣等，

選擇性育種產出了多種自然界本不存在的變異玉米蛇，奶油玉米蛇（butter corn）就是個例子。

都是因不同基因的存在、缺乏，或者顯性作用而控制。某些性狀可能只需要一個基因就能控制，某些性狀則可能需要數十、數百個基因合作或競爭，最後才能定下外型。在玉米蛇身上看到的色澤及紋路，也能用相同情況來解釋。當育種員找到帶有所需基因的雄性，並使其與帶有相同基因的雌性配種後，牠們所生下的後代就會擁有該基因。

　　但由於不是所有後代都會遺傳到所述基因，甚至可能僅有少數後代會外顯出該基因，因此這裡就會變得複雜一些。這是因為，每對玉

單一隱性性狀雜交範例

	雄性基因 A	雄性基因 a
雌性基因 A	AA 存在於 25% 的後代中 （無隱性基因）	Aa 存在於 25% 的後代中 （雜合子：攜帶所需基因，但並無外顯）
雌性基因 a	Aa 存在於 25% 的後代中 （雜合子：攜帶所需基因，但並無外顯）	aa 存在於 25% 的後代中 （純合子：外顯出所需隱性性狀）

米蛇雙親各自都擁有每個基因的兩個基因副本，而這基因副本僅有其中
之一會傳給後代。此外，某些基因會以兩種型式出現，包括顯性及隱
性。隱性基因僅在兩個副本存在時才會影響表現型；而顯性基因即便僅
有一個副本存在也會對其產生影響。舉例說明，某隻雄性玉米蛇有著我
們稱為正常色澤的顯性基因「A」，及隱性基因「a」，這是缺黑色素
（amelanism）基因（缺乏所有黑色素）；而某隻雌性也有「A」和「a」。
為了說明這些基因在牠們後代身上如何分配，我們可以使用左方的旁氏
表（Punnett square）。

　　每個父母親都會把自己約 50％的基因給後代，因此我們就能看到
牠們配種後的結果。約 25％的後代會沒有隱性基因「a」，因此就無法
在將來將其傳給下一代。另外 50％的後代則會擁有「Aa」，這些動物
被稱為雜合子，雖然牠們並沒有顯示出缺黑色素的隱性性狀，但牠們是
此基因的攜帶者，當牠們達到成熟期之後，還是可以將其傳給下一代。
而最後 25％的後代，則能在擁有隱性基因的同時也將其顯示在外觀上。
這些少數後代就是育種員們真正想要的——缺乏所有黑色素的玉米蛇。
當然，整個遺傳學並非這樣簡單而已，畢竟其中還包括更多更複雜的基
因及基因組合。擁有選擇性育種的閱歷，及深入研究玉米蛇遺傳學的內
在運作，將能讓你了解更多有關選擇性育種的技術層面。但我們先不提

此缺乏白色素的缺黑色素玉米蛇，被稱為晚霞玉米蛇。

技術計算和估量，只能說操弄基因玉米蛇的輝煌世界，真是個值得注意的事物。

色澤品系

玉米蛇大概是最常被繁殖的蛇了，且愛好者與專業育種員每年真的都育種出數千條的玉米蛇。由於玉米蛇擁有高變異性，所以你就理解為什麼各種色澤品系不斷地出現。此外，有時這些品系會有多種不同命名，更有些商人會對名字做些微調以促進銷售量。也因為這個緣故，以下提供了一些主要玉米蛇品系詞彙表。

缺黑色素（Amelanism）

玉米蛇最古老的顏色變異大概就是缺黑色素。在 1950 年代後期開始了選擇性育種計畫，並針對所有缺乏黑色素的個體進行野外捕捉。一開始這被稱為白化（albino），這個字來自於拉丁語，意思是「白色」，但這些蛇並非真正的白色。牠們身上仍然有紅、黃、白三色，唯獨黑色素不見了；又由於我們把黑色的色素稱為黑色素（melanin），所以就有了「缺黑色素」這個術語。目前已知的兩種缺黑色素類型分別為「A型」和「B型」。如果你將 A 型缺黑色素玉米蛇與 B 型缺黑色素玉米蛇配種，其後代雖然會顯示出正常的外觀，但將會帶有 A 型和 B 型的隱性基因。

變異

缺黑色素玉米蛇的變異中，最廣為人知的就是晚霞玉米蛇（sunglow

corn snake），牠不但缺乏所有黑色素，就連白色素也是。牠的蛇身由黃與橙色作為基調色，而紅色則是形成了點綴斑紋。而另一種則是以黃色調為主色（仍缺乏黑色與大部分白色，帶有柔紅色點綴）的玉米蛇，牠被稱為奶昔橘玉米蛇（creamsicle corn snake）。這些玉米蛇的起源，是將缺黑色素玉米蛇與大平原鼠蛇（*Pantherphis guttatus emoryi*）配種而產生。而現在，則是在奶昔橘玉米蛇間繁殖以產生所需的外觀，或與其他變異交配以產生新的品系。

而另一種型態的缺黑色素玉米蛇，則被巧妙地稱作枴杖糖玉米蛇（candy cane corn snake）。此品系缺乏橘色素。由於牠的蛇身以白色為底色，上面配有亮紅色鞍紋，所以這種變異與牠拐杖糖這個名字十分相襯。和枴杖糖玉米蛇有著相似外觀的，就是白化歐基提玉米蛇（albino Okeetee）了，牠和歐基提玉米蛇（產於南卡羅萊納州）非常相似，但缺乏黑色素，牠的蛇身以橘黃色為底色，明亮的白色環繞著紅色鞍紋繞成了圈。就像負片照片一樣，這個變異就是歐基提玉米蛇的反轉版。

透過選擇淡黑個體中的亮紅著色以形成的火焰品系。

碳黑（Anerythrism）

爬行動物身上的紅色素被稱為赤鮮素（erythrin），因此缺乏這種色素的蛇就被稱為 anerythristic（多譯作碳黑）。這些蛇通常是黑色和白色，並帶點黃色。就跟缺黑色素一樣，碳黑在經過修改及細調後，也產出了許多不同外觀的玉米蛇變異。碳黑的第二種類型——B型——存在於野外。這種蛇身上的顏色為藍灰色及黑色，因此被稱為木炭玉米蛇（charcoal corn snake）。

雪白（Snow）

如果把碳黑和缺黑色素的蛇配種會如何呢？由於這兩種基因都是隱性，所以你會得到正常外觀的玉米蛇。但如果你讓那些蛇繼續配種，最終將會得到一些顯出兩種隱性性狀的寶寶。也就是有史以來最受歡迎的玉米蛇色澤變異：雪白玉米（snow corn）。由於雪白玉米蛇幾乎完全缺乏所有紅、黑以及黃色素沉著，因此牠有著強烈的白色，外觀可說真的像是由白雪組成的一樣。然而當幼年雪白玉米蛇進入成熟期後，黃色調通常會在下巴

雪白玉米蛇顯現出兩種顯性性狀，分別是缺黑色素及碳黑（缺乏紅色素）。

及喉部區域變得明顯。

　　與雪白玉米蛇相比更具吸引力的，大概就是在基因上更細緻的相似個體，暴風雪玉米蛇（blizzard corn）了。將木炭玉米蛇（缺乏所有黃色素沉著）和缺黑色素玉米蛇配種，再讓牠們的後代配種，這就是打造出世界首隻純白色蛇的配方。暴風雪玉米蛇是百分百純白色，身上完全沒有其他色澤。

血紅（Bloodred）

　　雖然許多基因變異都大量缺乏或沒有紅色素，但在被稱為血紅的玉米蛇中，是絕對顯著的顏色。這些玉米蛇的外觀如字面所述為血紅色，所以有時被稱為多紅色素（hypererythristic），且擁有大量強烈的紅色素沉著。身上幾乎只有一點點或完全無黑色存在，且背側、背外側及腹部紋路也大大減少。在剛孵化時期，血紅蛇可能呈現淺粉色至玫瑰色，但隨著年紀增長會逐漸加深。初生蛇及幼年蛇身上仍留有自然的紋路及鞍紋樣式，但年長的成年蛇則因為呈現深紅色而遮蓋了背側紋路。

淡黑（Hypomelanism）

　　淡黑這個術語，指的是黑色素沉著減少，但並非完全不見。因為淡黑蛇的存在，兩棲爬行動物飼養家們可以創造出更多玉米蛇變異，且不像是碳黑或缺黑色素的色澤品系那樣，展現出誇張的色彩。再者，這些動物身上展現的是控制——而非消除——自然存在的色澤，並以那巧妙相互映襯的色澤而聞名。

　　淡黑已經誕生，如：超淡黑玉米蛇（ultra-hypo corn snake）、琥珀玉米蛇（amber corn snake）及幽靈玉米蛇（ghost corn snake）。淡黑是種顯性性狀，且極大程度受自然變異所控制。

紋路變異

　　正如有可以構成玉米蛇色彩的基因，當然也有能決定動物紋路的基因。這些基因也能被操縱，以創造出截然不同的設計風玉米蛇。紋路變異目前僅有少數幾種主要細分，但就像色澤變異那樣，全新且更有趣的紋路變異隨時可能誕生。

阿茲特克紋品系，是拉鏈紋上多了許多不規則大斑點的變異。

甜甜圈（Motley）

　　最有名的玉米蛇紋路變異，也許就是甜甜圈型了。甜甜圈玉米蛇的紋路，即是鞍紋連接起各個角落，且幾乎遍布整個背側表面，僅留下一些小橢圓形底色。甜甜圈紋路也是所有紋路變異中，具有最高變化性的。事實上，甜甜圈玉米蛇的背側紋路可能就跟人類的指紋一樣，各具其風采。而甜甜圈玉米蛇腹部紋路較少或完全沒有。在玉米蛇背上，整個甜甜圈紋路被直紋、線紋、梯形紋或其他雜亂紋路分隔開來，也並非罕見的情況。甜甜圈紋路也可能是部分呈現，所以就有玉米蛇身上大部分紋路普通，但某些區域有連在一起的鞍紋。

直線與條紋玉米蛇（Striped and Banded Corn）

　　隨著選擇性育種工作持續前進，以及甜甜圈紋路的改變，出現了兩種全新的變異。專業飼養員們創造出直線玉米蛇。這種乾淨且雙直線條的紋路，會從動物的脖子開始並延伸至尾巴尖端。

　　雖然牠們非常漂亮，但人工飼養的直線玉米蛇也有一定的缺點。雌

性直線玉米蛇與其他變異玉米蛇相比，會產出較小窩的蛇蛋（也比較小顆）。所以，看來專業育種員們在操縱基因創造出美麗直條紋時，也觸發了這些玉米蛇繁殖能力中的某些不良反應。如果你購買直線玉米蛇只是要當寵物來養，那麼這些因素就對沒有太大影響。

專業育種員們目前創造出了一種玉米蛇，身上有著幾乎遍布整個背部的寬鞍紋。牠們被恰當地取名為條紋玉米蛇（banded corn snake），在我看來，這些動物真的是現今市場上最美麗的玉米蛇。這些蛇也可用牛奶蛇相玉米蛇（milk snake phase corn snake）的別稱來出售，因為牠們全身的帶狀紋，跟野外能見到的某些類型牛奶蛇（*Lampropeltis triangulum*）身上的寬鞍紋很相似。而且幸運的是，條紋玉米蛇與直線變異不同，牠們似乎沒有遇到基因副作用的問題。

Z字形紋（Zigzag）

所謂Z字形紋，就是背部鞍紋被分開，變成蜿蜒毗鄰的半鞍紋，而形成Z字形或拉鏈外觀。背外側的的斑點也可能連起來，形成動物身軀兩側的模糊線條及Z字形紋。不過在大多數情況下，背外側的斑點通常會大量減少，且形狀與尺寸也通常是模糊而不規則的樣子。和大多數

血紅玉米蛇雖然很漂亮，但往往有繁殖問題。

變異紋路一樣，Z字形紋玉米蛇的紋路通常不是很明確，且有高度變異性。

變異

　　Z字形紋有時候會有不連續的樣式，也就是有些部分的鞍紋沒有接在一起，或者是從頭部延伸至尾巴尖部。那些有著連續性紋路的變異通常可賣出最高價格。這些蛇有時會被掛上「拉鏈玉米蛇」的名稱。

　　目前有種正在少量生產中的蛇，身上帶著非常不對稱的Z字形紋，牠們通常被稱為阿茲特克玉米蛇（Aztec corn snake）。這種蛇很好認，因為牠們身上有著零散、半模糊的背部紋路，會讓人聯想到中南美洲古

代阿茲特克人民的雕刻及繪畫。

　　我在上述針對變異玉米蛇所使用的確切名稱，都是在兩棲爬行動物市場上普遍接受的，但每個飼養員之間可能又會有所不同。作為在玉米蛇色彩及紋路變異章節的最後一段話，我想指出的是上述所有資訊都並不完善。因為在本書印刷後，可能市場上也出現玉米蛇的新變異及新色澤品系了，畢竟選擇性育種這個領域可是日新月異。

第八章

其他
北美鼠蛇

雖然在所有鼠蛇中最熱門的是玉米蛇，牠也最常被推薦給愛好者們飼養，但在豹斑蛇屬（*Pantherophis*）之下至少還有 10 種其他物種及亞種，且大多數都會是很不錯的寵物蛇。此外，還有少數其他被稱為鼠蛇的蛇類，可供愛好者飼養的數量就比較有限了。如果你喜歡玉米蛇，那麼合理來看，你可能也會對飼養牠們的近親有興趣。

Guttatus 家族

在野外，玉米蛇與其近親組成了我在此稱為 *guttatus* 的家族。這個小家族中的指名物種就是玉米蛇（*Pantherophis guttatus*）。在漫長時間的長河裡，原本的 *Pantherophis guttatus* 也發展成兩個亞種：分別是真正的玉米蛇（*Pantherophis guttatus guttatus*），以及大平原鼠蛇（*Pantherophis guttatus emoryi*）。這些年來，也有一些蛇被認為是其亞種，其中最值得注意的是玫瑰鼠蛇（*P.g. rosacea*），但目前仍僅存兩個亞種。

大平原鼠蛇（Great Plains Rat Snake）

大平原鼠蛇分布廣泛，路易斯安那州中部至密西西比河谷（約密蘇里州及伊利諾伊州範圍），西至落磯山脈、南越德克薩斯州，並深入到墨西哥中央及東部都有其蹤影。還有一小部分的 *P.g. emoryi*，則孤立存在於猶他州東部及科羅拉多州西部。

大平原鼠蛇是種外表粗壯卻很文靜的蛇類，在其分布區中很廣見，常可見其在日落後跨越偏僻公路的身影。牠們身上的紋路和玉米蛇幾乎相同，但卻缺少該亞種所擁有的明亮色彩。大平原鼠蛇的底色範圍是灰色到淡橄欖色，沿著其背部中線的是一排利落分明的巧克力色鞍紋，有著較小的背外側斑點，與其兩側紋路色彩相同。而頭頂則有著標誌性的「矛型刀頭」斑紋。

大平原鼠蛇的獵物包括小鼠、大鼠、幼兔，及其他所有種類的鳥

大平原鼠蛇是玉米蛇亞種，出現在密西西比河谷西部。

物種或亞種？

對愛好者而言，亞種的概念有些困難。

它指的是某動物的型態和主要型態有所區別，但該區別卻不夠大到足以被認為是一個物種。然而，這在生物學家、愛好者、博物學家及其他相關人士之間，對於某亞種實際上是否為物種、亞種，或者只是個不該被正式認定的變異，經常有著大量爭議。雖然這看來像是圈內人自己的辯論，但這個命名其實對自然資源保育法及育種員而言都有著實際影響。當涉及亞種時，最好的方式就是記住某亞種可能是個完整的物種。如果你正要讓某鼠蛇亞種進行繁殖，儘量只讓特定亞種內的成員互相繁殖，而不要使其與其他亞種雜交繁殖。還有就是別過度依賴亞種的命名，因為非常有可能最後研究會證明其為完整物種；當然同樣有可能的是，研究會指出其為難以確認的種類。

和鳥蛋。也許是因為牠們擁有優越的偽裝色，這些鼠蛇在狩獵鵪鶉和雉雞方面可是熟練的獵人，牠們通常能在築巢鳥類附近幾英吋內滑行而不被發現。若遇到干擾時，大平原鼠蛇會將前半部身軀明顯盤繞起來，並快速擺動尾巴拍打植物，製造出「嗡嗡聲」來。

這通常就足以嚇退小型捕食者、好奇的貓或狗及大部分的人類；事實上，大平原鼠蛇生起氣來非常像危險的西部菱背響尾蛇（*Crotalus atrox*）。但若被帶到人工飼養的環境中，野生種也會在人類的撫摸下很快被馴服。大平原鼠蛇的身長很少超過 4 英呎

來自下佛羅里達礁島群的玉米蛇與其他變異相比色澤更淡，曾被誤認為是不同亞種的 *E.g. rosacea*。

（1.4 公尺），飼養及居住需求大致與玉米蛇相同。牠們胃口很好，多半性情溫和，且在人工飼養環境中繁殖也不困難。由於大部分的大平原鼠蛇來自於較低溫氣候地區（與其玉米蛇表親相比，居住於較高緯度或較高海拔地區），因此比起玉米蛇來需要較長的過冬期。冬季為 46°至 53°F（7.8°至 11.7°C）之間，並持續 75 至 90 天。雖然對玉米蛇而言，過冬並非成功配種的必備先決條件，但對大平原鼠蛇的繁殖行為而言，似乎是更加重要的一步。若過冬不當，來年春天牠們可能不會有交配行為。而在懷孕、產蛋、孵蛋、一般照護及飼養方面，與前述玉米蛇的部分相同。

Obsoletus 家族

北美鼠蛇中，在類型數及地理範圍皆為最大家族的，就是 *obsoletus* 家族了。這些鼠蛇與 *guttatus* 家族內的蛇相比較少在寵物市場中見到，但卻很常在野外看見。當我們想到鼠蛇時，最常想到的會是在整個美國東半部的穀倉院地、公園、倉庫，及後院出現的這些經典無毒蛇類。此家族內大多數成員的幼蛇都很相似，而牠們和幼體玉米蛇也非常相似。通常在生命中的第一年左右會逐漸擁有成年期的色澤。

此家族包括四個物種：*Pantherophis bairdi*、*P. gloydi*、*P. obsoletus*，及 *P. vulpinus*。而 *P. obsoletus* 本身還擁有一些亞種。

黑鼠蛇是美國最大的蛇之一，有時可長達 8 英呎（2.4公尺）。

黑鼠蛇（Black Rat Snake）

在 *obsoletus* 家族中的指名亞種為黑鼠蛇（*Pantherophis obsoletus obsoletus*），同時也是北

斯洛文斯基玉米蛇
（Slowinski's Corn Snake）

2002 年時，美國有種新的蛇類被承認。但牠並不是此前從未有人見過的神祕蛇類，而是原產於路易斯安那州西部及德克薩斯州東部玉米蛇的棕色變異。在正式被承認之前，就已經有些愛好者及博物學家認為，來自此區域的玉米蛇有些不同，牠們之前常被稱為吉賽奇玉米蛇（Kisatchie corn snake）。研究此動物遺傳密碼的法蘭克·伯布林克博士提出這些蛇是獨立物種。為了紀念已逝友人約瑟夫·斯洛文斯基博士，他將此蛇取名為 *Elaphe [Pantherophis] slowinskii*。斯洛文斯基玉米蛇的底色範圍為灰色至灰棕色。鞍紋為巧克力棕至桃花心木棕色，少數會帶點紅棕色。其中有些個體是最深色的玉米蛇之一。

美鼠蛇中最大的蛇。一隻極大的個體會超過 8 英呎（2.4 公尺），且腰身比成年男子的前臂還要粗。色澤具有高變化性。背部的色澤範圍從純黑色（尤其出現在標緻個體上）至灰黑色，並帶有矩形鞍紋的汙濁殘紋及較淺一些的背外側斑點。雖然在幼體階段看起來相當明顯，但這種紋路隨著蛇成熟後，就會愈來愈淡。在鱗片之間可能還會顯出白色到紅粉色的斑點。腹部通常有著白與黑色交織而成的斑點，偶爾會有些粉紅色斑點綴其上。黑鼠蛇的身影遍布安大略極南部地區、五大湖地區、新英格蘭、南至喬治亞州中部，西至奧克拉荷馬州、愛荷華州以及威斯康辛州極東南部。黑鼠蛇是種強而有力的大蛇，以其獵鼠能力而聞名，在許多農耕區被稱為「雞蛇」，這是因為牠經常喜歡出現於穀倉院地，並在該處獵捕雛雞或小型成年雞。由於其身軀細長光

黑鼠蛇中的白邊（white-sided）或甘草（licorice）品系，是此亞種最受歡迎的繁殖種類。

滑，黑鼠蛇也擅長襲擊雞舍，並在裡面吞吃雞蛋。而在森林區域，黑鼠蛇主要獵捕田鼠、松鼠及鳴禽為食。由於黑鼠蛇是種高度無法捉摸的動物，因此在寵物商店中很少見，但還是有些育種員會使其育種。由於具有侵略性，再加上陰暗的色澤，且通常無法適應人工飼養環境，因此黑鼠蛇並不是非常理想的寵物。但也許專家或資深愛好者會發現到，正因為牠獨特的美、侵略性，及在飼育箱中為達成合理挑戰而需有的耐力，所以結合得恰到好處。人工飼養照護方式與前述玉米蛇照護方式相同。

灰鼠蛇（Gray Rat Snake）

黑鼠蛇的淡色版本就是灰鼠蛇（*Pantherophis obsoletus spiloides*），牠們的底色多變，從深灰色到接近灰白色都有。此亞種的一生中都會帶著明顯的矩形鞍紋，以及正方形至菱形的背外側斑點。灰鼠蛇的平均長度為 5 英呎（1.5 公尺）。雖然牠不會長到像表親黑鼠蛇一樣大，但灰鼠蛇同樣也是個靈巧且熟練的獵人，與其他北美鼠蛇相比，牠花費在林冠上的時間多了許多。最初牠被認為是黑鼠蛇的南部變異，可在以下地區找到灰鼠蛇身影：伊利諾伊州南部、阿肯色州極東部、西至田納西州中部、南越密西西比州、阿拉巴馬州，以及喬治亞州、佛羅里達州與北卡羅來納州的沿海平原。

在其領域內，灰鼠蛇是鳴禽和地面鳥類的主要捕食者。這些蛇一

次會花數週或數月的時間待在林冠上，尋找築巢鳥類及其幼雛的蹤影，這種蛇可以不接觸地面，就從一棵樹滑行到另一棵樹上。其生活大小事都能在茂密森林和叢林樹頂解決：捕食鳥類、飲用雨水或聚在樹葉上的雨露、在樹枝上蛻皮等。有一次，我甚至目睹了一對灰鼠蛇在活橡樹枝上交配，那離地可是有 20 英呎（6 公尺）的距離。與黑鼠蛇相同，灰鼠蛇也被當地人稱為「雞蛇」，這是因為牠喜愛吞食雛雞及雞蛋的緣故。灰鼠蛇有兩種自然發生的色澤品系。其一是被稱為正相的較深色變異，可在較高海拔區域找到（例如阿拉巴馬州北部）；其二是較淺色變異，同時也被稱為白橡樹蛇，接近白色的底色上帶著極灰白色的鞍紋，經常可在佛羅里達州狹長地帶沙窪地，及喬治亞

黑鼠蛇品系

有幾種黑鼠蛇的色澤品系可供選擇。其一就是缺黑色素蛇，也就是有著淡粉色鞍紋的白蛇。另一種品系則是斑紋蛇，這種黑鼠蛇有著灰色或淺棕色的底色，點綴著深色、有時是深紅的鞍紋，全身布滿了灰色、黑色及棕色斑點。最後一種則是甘草或白邊鼠蛇，這種美麗的品系有著灰色的背部（有時點綴著一些深色鞍紋），但身軀兩側卻是純白色。所以也能理解，為什麼牠會成為寵物市場上最熱門的黑鼠蛇變異了。

州極東南部地區遇見。 在那些黑鼠蛇與黃鼠蛇居住範圍重疊的區域內，這些亞種之間可能會發生雜交繁殖的情況。由此產生的後代，外觀看來像是灰鼠蛇的正相色澤，但可能會有來自亞種雙親的特徵。在人工飼養時，這些蛇類需要

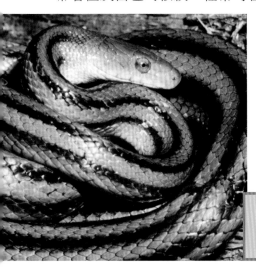

許多黃鼠蛇的身軀上有著四條深色條紋；牠們的種名是*quadrivittatus*，在拉丁語中的意思是「四條線」。

與其樹棲生活風格相似的飼育箱環境。必定要有高聳的住所，且上面要有大量可攀爬的樹枝。除了這點不同外，灰鼠蛇飼養的其他方面都可參考玉米蛇。

這種在佛羅里達州狹長地帶可見的淺色灰鼠蛇，通常被稱為白橡樹蛇或橡樹相灰鼠蛇。

黃鼠蛇（Yellow Rat Snake）

黃鼠蛇（*Pantherophis obsoletus quadrivittatus*），原產自喬治亞州南部沙窪地，東至南卡羅萊納州沿海平原、南越佛羅里達州，牠是僅次巨大黑鼠蛇，排行第二大的蛇鼠蛇，且是所有北美鼠蛇中，最具形態變異性的蛇。以此亞種居住範圍延伸北端，其背部的底色範圍從棕褐色至淡黃色；而南部及沿海地區則是亮黃色、暗橘色或甚至是橄欖色。

牠們不僅在色澤上會有許多變化，就連紋路也具有高變異性。大多數個體身上沒了典型 *obsoletus* 亞種的背部鞍紋，而是整個背部上有著直向的線條。這些線條可能是與不連續的鞍紋混合在一起的斷點或斑點，也可能是連續性且清晰的線條。像這樣的紋路變化，很大程度上取決於血統純度及地理位置。北方個體的紋路在範圍上傾向鞍紋這邊，而南方的個體卻比較傾向於線條式背部。此外，純血黃鼠蛇（或尤其是那些與大沼澤地鼠蛇雜交繁殖的鼠蛇）會有較清晰的特徵，而與黑鼠蛇或灰鼠蛇雜交繁殖的話，就會顯出較斑駁的特徵，那黯淡的色彩代表其血統的兩個來源。

在人工飼養環境中，黃鼠蛇不僅喜愛進食還是個多育的繁殖者，展現出與玉米蛇不同的馴服程度。牠們的居住環境與照護方式與玉米蛇的完全相同，只除了兩點小變化。由於黃鼠蛇樹棲的程度幾乎和灰鼠蛇相同，因此需要垂直向的環境。這些蛇也傾向主要於夜晚活動，所以就

更多改變

許多年來，*P. obsoletus* 都被視為一個物種，其下有幾個亞種，遍布範圍從東岸至德克薩斯州中部和奧克拉荷馬州、安大略南部至佛羅里達礁島群和德克薩斯州極南部。然而，針對野生鼠蛇的遺傳學研究可能會改變該觀念。其原 *P. obsoletus* 被分為了三個獨立的物種，並廢除所有亞種。這些結論具有爭議性，且這種改變也可能不被接受，但愛好者們還是應該了解一下這些新名稱。這些物種是：

- *Pantherophis alleghaniensis*：東部鼠蛇。其為東岸種類，分布範圍從海岸至阿帕拉契山脈與阿巴拉契科拉河。包括黑鼠蛇、黃鼠蛇、灰鼠蛇及大沼澤地鼠蛇。
- *Pantherophis spiloides*：中部鼠蛇。此物種範圍從密西西比河西部至阿帕拉契和阿巴拉契科拉河東部。包括黑鼠蛇及灰鼠蛇。
- *Pantherophis obsoletus*：西部鼠蛇。此物種範圍包括可在密西西比河西部看到的所有黑鼠蛇及德州鼠蛇。

詳情請見參考出處中由伯布林克（Burbrink）所著的論文。

需要夜間循環燈泡，以備觀賞及加熱所需。如果你提供了較大的水盆，那麼黃鼠蛇很可能會花太多時間把自己泡在裡面，從而容易染上輕微的水皰病。為了消除諸如此類的問題，我發現在黃鼠蛇住處放置水盆時，小一點的水盆會比大水盆好。

大沼澤地鼠蛇（Everglades Rat Snake）

大沼澤地鼠蛇（*Pantherophis obsoletus rossalleni*），是所有 *obsoletus* 家族中最具吸引力的一種蛇，同時也是最稀有的一種。雖然每年人工飼養都會育種出一定數量的這種橘色蛇，但野生數量卻正以驚人的速度減少。大沼澤地鼠蛇最大可長到接近 90 英吋（2.3 公尺）長，底色從紅橘色至黃橘色，身上有四條巧克力棕色至黑色的直向線條。在許多大

哈莫克灣鼠蛇
（The Gulf Hammock Rat Snake）

佛羅里達州中北部的狹長地帶（阿拉楚阿郡、萊維郡及吉爾克里斯特郡），灰色與黃鼠蛇混合居住且混交，其後代就是同時有著鞍紋和直線條的淺灰鼠蛇。牠在當地被稱為哈莫克灣鼠蛇，原先曾被認為是 *P.obsoletus* 的亞種。其名為 *williamsi*，所以如果你在舊文獻中看到此名稱，指的就是此整合種蛇類。

沼澤地鼠蛇身上，直條紋幾乎淡到看不見，無紋路的腹面則呈現均勻的淡橘色。在其居住範圍重疊地區中，大沼澤地鼠蛇和黃鼠蛇在外觀上可能會很相似（在一定程度上是因牠們有雜交繁殖習性），但要辨識出真正大沼澤地鼠蛇的方法，就是牠那純紅色的舌頭。黃鼠蛇和混種個體的舌頭至少會有部分是黑色的。

就像牠的普通名稱所示，這種動物主要可在佛羅里達州大沼澤地及其往南見到。但因為此棲息地區正為供人類使用而快速開發中，導致大沼澤地鼠蛇的未來迎來了黑暗。直到 1970 年代後期，這些蛇在整個佛羅里達州極南部還很常見，但由於人類變更土地以作他用，這些蛇等於直接或間接地被消滅了。而在人類居住地蓬勃發展的高產量黃鼠蛇，在近十年來已在上述地區棲息，且大幅度地吸收了該環境中的大沼澤地鼠蛇適居地。

好在大沼澤地鼠蛇在寵物市場中很普遍，不管是在地寵物店或者網路經銷商都能見到。身為最具吸引力的鼠蛇之一，有著明亮色彩的大沼澤地鼠蛇，比起黃色或黑鼠蛇更容易在人類的撫摸下被馴服，但卻似乎不怎麼長壽。

雖然愛好者培育出了許多大沼澤地鼠蛇，但由於失去棲息地，牠們的數量仍在下降。

來自礁島群的黃鼠蛇個體，該類型被稱為德克特鼠蛇。

就連非常高齡的個體也很少活超過 12 至 15 年，這比典型黑鼠蛇 20 年以上的壽命還少了許多。

說到大沼澤地鼠蛇幼蛇，牠們可能會拒絕吃粉色乳鼠，並偏好如變色樹蜥或家壁虎這樣的小型蜥蜴。大沼澤地鼠蛇是喜歡高隱蔽環境的動物，人工飼養環境若有多個藏身處將對其有益。在使大沼澤地鼠蛇進行繁殖前，並不需要使其過冬。除了這些事項以外，照護的部分可以參考玉米蛇。

德州鼠蛇（Texas rat snake）

德州鼠蛇可長到近 7 英呎（2.1 公尺）長，性情與暴龍相當相似，有著大量蛇肌肉、銳利的牙齒及強烈侵略性。德州鼠蛇（*Pantherophis obsoletus lindheimeri*）遍布於路易斯安那州南部、德克薩斯州東央東部及奧克拉荷馬州中部，其底色具有高變化性，從棕褐色至紅棕色，甚至灰藍色

德克特鼠蛇（Deckert's rat snake）

這種出現在佛羅里達州極南部至基拉戈島的黃鼠蛇，曾被認為應自成亞種 *P. o. deckerti*，並被稱為德克特鼠蛇或鑰匙鼠蛇（key rat snake）。但現今大多數權威都不認可此亞種。其中的區分，是基於牠有著比典型黃鼠蛇更橘的顏色，此外還有黃色下巴、紅眼睛及黑色舌頭。

都有。背部鞍紋為矩形，且幾乎互不相連。與那些黃色和黑鼠蛇不同，這些鞍紋在此動物的一生中都保持高可見度。其腹表是背部的淡色版本且無紋路。背部通常帶有紅和白色斑紋，在棕色至黑色的鞍紋中尤其明顯。在某些個體中，其側面會廣布著磚橘色直稻草黃色的斑紋。這些顏色若出現的話，特別會是在幼蛇身上，且隨著動物達到成熟期會逐漸退色。

因突襲雞舍和家禽而惡名昭彰，德州鼠蛇可說是北美鼠蛇種之中最具侵略性的。如果被逼近或被逼得陷入困境，就算這些野獸中最被動的一份子，也會將前驅抬起繞成一個顯眼的圈，張大著嘴、擺動其尾巴，並大聲發出嘶嘶聲。請注意，這可不是什麼虛張聲勢！如果更進一步被激怒，德州鼠蛇會多次攻擊，這有可能會造成疼痛且流血的傷口。所以，這些蛇在寵物市場上的交易數量很少也在預料之中——至少，其標準色澤變異是這樣。

不過，儘管牠們有暴力傾向，白變（leucistic）德州鼠蛇還是很受歡迎的。雖然外觀乍看之下很像白化症，但白變動物並非患有白化症。白化症是缺失色素，但是白變德州鼠蛇有著純白色素，甚至有些更具吸引力的個體會具有冰藍色眼睛，使其成為極具魅力的動物。對與多愛好者而言，白變德州鼠蛇的獨特美麗超越了暴力天性的缺點，這也是為什麼此色澤品系每年都被大量繁殖，以供應寵物市場。

從好的一面來看，照顧

雖然白變德州鼠蛇有著好鬥的性格，但因其美麗的外表，牠們仍深受養蛇愛好者們喜愛。

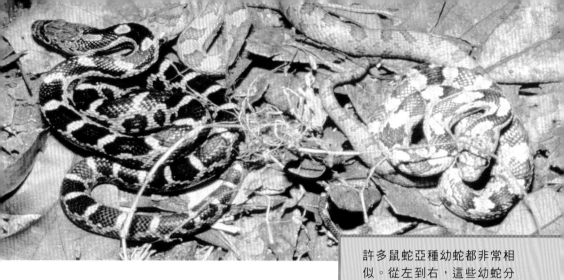

德州鼠蛇(白變或其他德州鼠蛇)相當容易。牠的需求很簡單:溫暖的飼育箱、水碗、可攀爬樹枝跟大量食物即可。事實上,在掌握玉米蛇的照護原理後,你就能夠熟練地飼養德州鼠蛇了。且其繁殖習性並不難掌握。就像玉米蛇所需的那樣,只要短暫的過冬期就能讓你的德州鼠蛇「進入狀態」。至於懷孕、產蛋及孵蛋的方式,則都可以參考玉米蛇的部分。

但也因為這種動物的好鬥天性,我並不建議經驗不足的愛好者們飼養這種蛇。任何想買德州鼠蛇的人,都應該先有飼養成年個體的經驗,這樣才能在購買後完全了解未來會有什麼情況發生。如果因為一時興起買了德州鼠蛇,卻因為牠的兇殘而疏於照顧牠,那麼不管對飼主或寵物而言都是不公平的事情。

貝爾德鼠蛇(Baird's Rat Snake)

在所有 *obsoletus* 家族之下,我個人最喜歡的就是貝爾德鼠蛇,牠的色澤呈現著獨到美麗拼接感,曾被視為 *Pantherophis obsoletus* 的亞種。每個背部鱗片是珍珠色和橘色,而在這些鱗片之間還有著更大的紋路,這是因為貝爾德鼠蛇身上有著淡色直向線條,和可在大沼澤地鼠蛇身上見到的很相似。其腹面散發著亮橘色和淡黃色的色澤。幼

體 *bairdi* 有著大量背部鞍紋，通常有 48 個以上，成體身上也常能看到幼年期的紋路痕跡。雖然在寵物市場很少見，但貝爾德鼠蛇所展現出來的色彩和紋路，甚至能與選擇性育種產的最美麗玉米蛇媲美。

簡單來說，是因為貝爾德鼠蛇原產自德克薩斯州南部沙漠、新墨西哥州及墨西哥北部，與所有其他 *obsoletus* 鼠蛇物種有著不同的人工飼養需求。除了不同需求以外，和大多數表親也有著截然不同的生活風格。

有著鮮豔橘色的德州鼠蛇。大部分個體並沒有這樣明亮的顏色。

作為非常愛隱居的動物，貝爾德鼠蛇大多時間都是躲起來的，且被拿起來把玩時，牠也會侷促不安並蠕動身軀，而無法靜下來享受溫柔的撫摸。貝爾德鼠蛇更像是隱居且離群索居的動物，缺乏玉米蛇身上常見，更具魅力的性格。且飼養貝爾德鼠蛇的另一個可能缺點，是如果讓牠居住在潮濕的環境中，可能使其患上呼吸感染。和許多沙漠爬行動物一樣，貝爾德鼠蛇高相對濕度的忍受力低，所以通風良好的飼育箱絕對是首要品。同時也建議使用小水盤，因為較大盤子所蒸發的水，會在極短的時間內使飼育箱內的濕度大幅增加 。在飼育箱內放置濕度計是控管濕度的絕佳方式。適合貝爾德鼠蛇的相對濕度是在 55 至 60% 區間，且儘量不要有太大波動。

除了需要乾燥環境的這點外，貝爾德鼠蛇很好照顧。牠最大可長到 63 英吋（1.6 公尺）長，必須提供水平向的飼育箱給貝爾德鼠蛇居

住，因為對這個物種來說，地面空間比垂直攀爬空間重要多了（與飼養大多數鼠蛇種類時的認知相反）。還有深黑的躲藏處也是極其重要的。我觀察發現，貝爾德鼠蛇最適應且看起來最自在的時候，是將其藏身處入口面朝外對著飼育箱放置。比如說，將藏身處放在飼育箱的後方角落，讓入口對著飼育箱的中央。這樣可以讓蛇保持藏匿的狀態，卻同時也能觀察到飼育箱內、以及房間內的所有情況。這種行為在鮑氏蛇屬鼠蛇的所有成員中也很常見。

暴眼鼠蛇（Bug-Eyed Rat Snake）

在寵物店瀏覽著陳列的蛇，或者是兩棲爬行動物展桌時，你可能會看到某些有著巨大眼睛的白變德州鼠蛇。牠們的雙眼看起來就像要彈出來了一樣。有些愛好者會覺得牠們很可愛，但其實這是種缺陷。這些蛇通常被稱為暴眼鼠蛇。目前一致的意見是，這是白變德州鼠蛇近親繁殖，白變加劇的結果。暴眼鼠蛇當寵物的話是不錯，但請不要讓牠們繁殖。

在飼育箱內裝上沙質底材、幾個藏身處，一到兩個矮攀爬樹枝（噴砂葡萄藤是個絕佳選擇），及一個小水碟。因為此物種大多在夜間活動，不太常需要日曬燈，但飼育箱的溫度應該達 80°至 82°F（26.7°至 27.8°C），也要有個日曬區（可直接放在底部加熱墊上）達 86°至 89°F（30°至 31.7°C）。

由於貝爾德鼠蛇在野外可能永遠不會經歷劇烈季節變化，因此過冬並非成功配種的先決條件，但強烈建議光週期要有顯著變化。將蛇的日照時間縮短至每日少於 6 小時，並持續三個月。之後再將貝爾德鼠蛇調回正常 8 小時的光週期，或者每天給予更多日照，這很有可能會觸發牠們的交配行為。至於交配、懷孕及孵蛋方面，請參考玉米蛇。在野外環境，貝爾德鼠蛇剛孵出來的最初幾個月時間，可能都會以小型蜥蜴為食，但很快就會轉而獵食齧齒動物、地上造巢性鳥類及其鳥蛋。因此，

人工飼養繁殖的幼體，在最初幾餐可能也需要吃蜥蜴，但牠們應該會很快就轉而食用粉色乳鼠了。而成年蛇在進食方面很少有任何問題。

狐蛇（Fox Snake）

在 *obsoletus* 鼠蛇中的最後兩種，這些狐蛇們無疑是稀有且古怪的蛇。

東部狐蛇（Eastern Fox Snake）

東部狐蛇（*Pantherophis gloydi*）現僅存於美國密西根州東部與俄亥俄州北部極小部分土地，休倫湖和伊利湖邊線，安大略稍多一些區域也能見其身影。東部狐蛇在色澤上與大平原鼠蛇相當相似，底色為稻草黃、棕褐色至黃棕灰色，帶著暗色矩形鞍紋。幼年時底色非常淺，且所有斑紋，包括橫跨頭頂的線條都非常明顯可見。達到成年期後，東部狐蛇頭上的斑紋會消失，並呈現淡紅色或銅色調，也就是這個特徵導致很多人一見到狐蛇就會將其殺害，因為牠們會被誤認為是有毒的銅頭蝮（*Agkistrodon contortrix*）。

東部狐蛇僅能在細選而出的棲息地茁壯成

由於在人工飼養中表現不佳，且在野外也日趨稀有，並不推薦養東部狐蛇當寵物。

出於某些原因，貝爾德鼠蛇在人工
飼養上比玉米蛇來得嬌貴一些。

長，包括五大湖附近沼澤地、泥塘，及其他涼爽低窪地區。由於這種限定棲息地的需求，使得東部狐蛇在人工飼養中成為難以照護的物種，也造成了此種動物在寵物市場並不熱門的原因。作為最不常見的鼠蛇之一，東部狐蛇不論是在交易或繁殖的數量上皆不可觀。這些動物需要漫長而寒冷的過冬期，這也是養蛇愛好者們在人工飼養中無法提供的一點。如果過冬不當，東部狐蛇將會保持高代謝率進入不活動的時期，且從 10 月至隔年的 3 月或 4 月，可能會拒絕進食。若這種情況發生，該動物可能因儲備脂肪快速耗盡而無法活過冬季。同時，牠會不吃東西，因此沒有新的養分進入牠的系統。這是人工飼養狐蛇的常見死因。從 10 月開始至 3 月末，讓你的狐蛇在 45°至 48°F（7.2°至 8.9°C）

西方狐蛇與其東部表親相比，在野外和人工飼養中更常見。

的溫度下過冬，以避免此問題。

難過的是，東部狐蛇處於瀕臨滅種的危險中。由於土地開發，牠們的原棲息地正急速縮減，且五大湖的水污染也不斷地毒害其棲息地及獵物。除非盡快採取認真的保育措施，否則我推測，這美麗的物種將活不過本世紀中葉期。出於此原因，我並不建議任何普通愛好者取得或飼養東部狐蛇。

西部狐蛇（Western Fox Snake）

西部狐蛇在野外的數量相對而言就頗多，而且如果在某年春季購買一隻仍在幼年期的西部狐蛇，牠將會是長壽且常伴的人工飼養動物。西部狐蛇的色澤和紋路幾乎與東部物種相同，但與在東部狐蛇身上看到的灰石色和鉛灰色相比，牠們身上則是棕褐色及亮黃棕灰色。出沒範圍包括密西根上半島、威斯康辛州大部分區域，往西延伸至堪薩斯州東部和南達科他州南部，南延至密蘇里州東部及北部少數地點。同時也包括伊利諾伊州北半部及印第安納州西北部。

在寵物市場上看見的西部狐蛇大多是野生捕獲而來，正因如此，在最初飼養時可能會出現攻擊或咬人的舉動。只要持續地照顧牠們，這些蛇很快就會被馴服到能忍受你存在的程度。雖然西部狐蛇很少被馴服到與玉米蛇一樣的階段，不過通常也能變得享受飼主那柔緩撫摸所帶來

的溫暖。如果想要養狐蛇當寵物，那麼西部狐蛇在性情上、長壽度和好養的方面，都會是更好的選擇。

　　將狐蛇養在大型飼育箱，並放置大量耐用的可攀登樹枝、大水碟和幾個藏身屋（狐蛇重視隱蔽），且通風要良好。在精心打造的大型飼育箱中，有著循環水路、活灌木或甚至是一些小樹木的話，這些蛇能成長茁壯的這點也是眾所周知的。雖然狐蛇經常流連沼澤和濕地，但若一直暴露在潮濕底材中，不用多久就會導致水皰症，所以通風扇的作用，就是在為飼育箱內提供良好的氧氣交流。

　　我肯定會將狐蛇列為 *obsoletus* 家族內，所有物種中最難飼養的一種，因此只推薦老練的愛好者和動物學專業人士養這種蛇。每天的日曬溫度範圍，應在 82°至 84°F（26.7°至 28.9°C）間，而夜間溫度則需在 10°F（公制），即 12.2°C。上述兩種狐蛇都喜歡深而暗的藏身處，因此需要提供牠們大量的隱私。狐蛇若感到壓力，就會有反芻食物的壞習慣。過度反芻可能導致原本健康的動物在人工飼養中完全絕食。

墨西哥玉米蛇（Mexican Corn Snake）

　　墨西哥玉米蛇自成一個群體，因為牠是北美鼠蛇中少數無法洽當劃分進任何分類家族的蛇。墨西哥玉米蛇又名夜蛇，在自然棲息地、習性、繁殖及完整地理分布範圍方面的資料都甚少。墨西哥玉米蛇的行為甚至比玫瑰鼠蛇還更隱蔽，直到 20 世紀後半葉才被兩棲爬行動物學家所知。愛好者要知道一點，按照從錦蛇屬變更為豹斑蛇屬這點來說，墨西哥玉米蛇並不能被歸於豹斑蛇屬之中。此蛇有自己的屬，即偽錦蛇屬（*Pseudelaphe*），其完整學名為 *Pseudelaphe flavirufa*。

　　由於墨西哥禁止野生動物出口，因此墨西哥玉米蛇可能是北美鼠蛇中最少的。過去，野生捕獲的個體都有著嚴重內、外寄生蟲問題，且常

氣味強烈的蛇

狐蛇的名字並非因為牠們長得像狐狸、像狐狸般狡猾或者吃狐狸。這個名字的緣由，是因為牠們聞起來像狐狸一樣。當牠們情緒差或焦慮時，就會釋放出一種和狐狸味很像的麝香味。

活不久。但若身上的寄生蟲被成功清除，牠在人工飼養中通常出奇長壽。墨西哥玉米蛇由愛好者少量繁殖。

墨西哥玉米蛇的分布範圍包括墨西哥中北部、猶加敦半島、瓜地馬拉、宏都拉斯及尼加拉瓜。牠被認為是五個亞種的結合體分別是 *P. flavirufa*、*P. pardalina*、*P. polysticha*、*phaescens* 或 *P. matudai*。眾所皆知的是，這些亞種會在彼此居住範圍交疊處頻繁發生雜交繁殖行為；因此亞種劃分似乎就不太需要了。若在沒有地區資料的情況下，幾乎無法確切進行分類識別，且不管確切的亞種細規為何，牠們還是能在人工飼養中進行繁殖。雖然墨西哥玉米蛇成年後顏色乏味，但幼年期時可是相當好看的生物。此蛇的底色為黃棕灰色至鉛灰色，帶有褐紅色至紅紫色的背部鞍紋。鞍紋相當清晰，可能是 Z 字形，也有可能和沿著背部中線滿布的那些朦朧斑點混在一起。背外側也有相同顏色的斑點，也可能會和背部的紋路混在一起，形成混雜的背部紋路。墨西哥玉米蛇的眼睛和玫瑰鼠蛇一樣，通常從雪白色至很淡的綠色都有，高度展現了其強烈的夜行性。雖然普遍認為野生個體會超過 6 英呎（1.8 公尺）長，但人工飼養的墨西哥玉米蛇卻連 48 英吋（1.2 公尺）都很少達到。其人工飼養照護可參考玉米蛇。

鮑氏蛇屬（*Bogertophis*）

北美鼠蛇的第三群組由鮑氏蛇屬之下的種類組成。這些鼠蛇是忠實的沙漠居住者，在生活方式、習性、飲食及過冬方面，都和 *guttatus*

墨西哥玉米蛇的分布範圍從墨西哥到尼加拉瓜都有。圖中這款來自墨西哥，猶加敦半島。

與 *obsoletus* 家族大不同。這些物種與牠們東部表親相比也更難照護及繁殖，且在寵物市場上也較不常見。如果說 *guttatus* 物種是推薦給新手愛好者的蛇，*obsoletus* 物種則是推薦給中級至老練的愛好者，那麼鮑氏蛇物種最好還是留給北美鼠蛇專家們處理吧。

　　此蛇之前被分類在錦蛇屬之中，鮑氏蛇屬的成員則是擁有單排鱗片的蛇，這在其他所有北美鼠蛇身上都不存在。此鱗片稱為眼下鱗（Subocular），位於頭部兩側眼睛下方，沿著眼睛下緣彎曲形成一排，數量從 4 至 8 片都有可能。普遍認為，這些眼下鱗是為了適應環境而存在，有助於在沙漠的沙子與風包圍下生存。鮑氏蛇屬中的所有成員也都擁有明顯擴大的雙眼，從頭部輕微突出，讓此動物有種暴眼的外觀。大多數人都認同說，就是這些突出的眼睛為這些蛇增添了獨特的可愛感。

雜交種與整合種

愛好者們經常使用雜交種（hybrid）與整合種（intergrade）這兩個術語，但它們也經常被誤用。當兩種不同物種進行繁殖，所產下的後代就稱為雜交種。就像騾，牠就是馬和驢結合後的後代。而當兩個不同亞種進行繁殖，其後代則被稱為整合種。其中一個例子就是奶昔橘玉米蛇，牠是白化玉米蛇和大平原鼠蛇交配而得的後代。

泛貝克斯鼠蛇（Trans-Pecos Rat Snake）

泛貝克斯鼠蛇分布範圍包括新墨西哥州中南部、德克薩斯州西部，南延至墨西哥北部；牠們的底色則從棕褐色至黃棕或稻草黃色。頭部無紋路，但與背部底色相比暗了許多。頸背有兩條獨特的直向線條，僅延伸至前 2 到 3 個鞍紋為止。背部鞍紋為深棕色至灰或黑色，呈現清楚的「H」形，有可能相連也可能不相連。每個鞍紋的中央通常都帶著白色到奶油色的明亮小斑點。沿著動物身軀側邊規律間隔地出現著不規則形狀的背外側斑點。這些斑點有時會是菱形，但更常見的是淺棕色的模糊小斑點。背外側斑點的顏色通常比背部鞍紋更淺。腹面沒有紋路，顏色為奶油色至淺棕褐色。

在寵物市場上，泛貝克斯鼠蛇的替代色澤品系比指名種還熱門。其中一種為「金色」型態，是種更俐落的黃色變異。金色泛貝克斯鼠蛇的底色為稻草色至黃金色，帶有淡色鞍紋，整個頸部都有著幾乎看不見直向線條。第二種變異則是「銀色」泛貝克斯鼠蛇。銀色泛貝克斯鼠蛇有著好辨識的銀藍底色，金屬似的鞍紋，和一雙泛藍色的眼，牠是所有色澤品系中最稀有的一種，在兩棲爬行動物經銷商間價格頗高。不論金色或銀色泛貝克斯鼠蛇，都是由人工飼養所繁殖出來的，希望最後牠們的價格下降、供應量增加。所有色澤品系在人工飼養時的照護及繁殖需求都相同。

泛貝克斯鼠蛇有三種顏色：正常色、金色和銀色。圖為由人工飼養繁殖產出的金色和銀色。

　　牠可說是所有北美鼠蛇中最溫馴的一種，有人這樣形容泛貝克斯鼠蛇：「就算有人類先咬牠，牠也不願意反咬人類」。雖然因為這樣美好的性情，讓其成為對新手和年輕愛好者而言的完美寵物，但也因為牠那嬌弱的體質，所以實際上並不適合。泛貝克斯鼠蛇是很脆弱的生物，若飼養不當通常只能活短短幾個月，且除了由最老練專業的愛好者來照顧外，牠們很難能茁壯成長。

照護

　　泛貝克斯鼠蛇要養在大型水平向的飼育箱內。使用厚厚一層的細粒砂作為底材，並在飼育箱擺放大量石頭——大顆圓石、扁平光滑的石頭。泛貝克斯鼠蛇來自岩石及沙漠地區，因此人工飼養環境條件高度模擬原生環境這點，對牠們的心理健康而言至關重要。有些愛好者已經成功地在泛貝克斯鼠蛇的飼育箱內使用活植物。將檜屬植物或鼠尾草叢盆

埋入底材內，且要將盆子邊緣完全埋住。蛇可能會爬行穿越矮小的灌木叢，並發現這在蛻皮時期尤其有用。在堅硬多刺的檜屬植物叢樹枝中，泛貝克斯鼠蛇可以很輕易將舊皮膚蛻下來。

絕對不要在泛貝克斯鼠蛇的飼育箱內擺放大型水碟。濕氣過重的話，這些動物很容易患上呼吸道及皮膚問題，就算只是大型水碟的水分蒸發，對這個物種來講也無法忍受。每週只將水放在小型水碟內供應兩次，而且絕對不要把水碟放在飼育箱內就離開。看到有水濺出來也應該要馬上清理。為了保持低濕度，請務必確認飼育箱內的通風良好。

如果你是住在南方腹地、沿海地區或其他潮濕地區（例如多霧的新英格蘭地區或接近五大湖區），那麼在飼養泛貝克斯鼠蛇的房間內，放置一台除濕機會是個好方法。並且在飼育箱內放置一個濕度計，保持密切注意。相對濕度應維持在 40 至 55% 之間。一旦相對濕度超過 55%，你的泛貝克斯鼠蛇很快就會生病，並出現肺炎症狀。

在解決濕度問題後，其他泛貝克斯鼠蛇飼養方面就都很容易了。這些蛇幾乎僅在夜間活動，白天或飼育箱很明亮時，可能都不會出來。在飼育箱內周圍溫度於 70° 至 75°F（21.1 至 23.9°C），且日曬區域溫度為 87° 至 90°F（30.6° 至 32.2°C）區間時，牠們會保持良好狀態。由於沙漠地區的溫度在夜晚會變得比較涼爽，所以建議夜間溫度要調降比日間溫度少 10 至 15 度。

將泛貝克斯鼠蛇養在模擬自然沙漠的飼育箱時，牠們通常會過得不錯。

在把日間照明關掉後，將預先宰好的老鼠放到飼育箱內，並放在泛貝克斯鼠蛇能找到的地方就行了。這些蛇通常很好餵養，很少會拒絕吃飯。野外捕捉的蛇或幼年蛇可能會只吃蜥蜴，可以用預先宰好的變色樹蜥來餵牠們。隨著這些動物進入成熟期（若是野生捕捉的蛇，就是在牠適應人工飼養後），牠們就會變得樂意接受小鼠了。與其他北美鼠蛇相比，若想養得好，就應該讓牠少量多餐而不是多量少餐，尤其泛貝克斯鼠蛇更是如此。就算是超過 60 英吋（1.5 公尺）的大型成年蛇，也可能比較喜歡在用餐時間享用 3 至 4 隻跳跳小鼠（hopper mice），而非一隻小型大鼠。

即便在繁殖方面，泛貝克斯鼠蛇和玉米蛇大不相同，但就飼主的部分而言要求並不多。不論雄性或雌性都要有兩個月的過冬期，溫度在 50°至 54°F（10°至 12.2°C）之間。 之後逐漸使溫度回暖，在兩個月後讓牠們從冬化中醒來。只要牠們能吃的話就常餵食，但就雌性而言，牠們要到年度稍晚約 6 至 7 月左右，或者是在經歷 2 至 3 次冬化後蛻皮，才會進入狀態。

牠們會在 8 至 9 月間產蛋，數量僅有 3 至 8 顆，孵化溫度為 81°至 85°F

巴哈鼠蛇主要在夜間活動，且不管是在野外或者人工飼養環境中，牠們僅會在黑暗中才會離開自己的藏身處。

（27.2°至29.4°C）。而幼蛇會在約70至80天後面世。有個普遍的懷疑是，在泛貝克斯鼠蛇天然繁殖習性中，氣壓和降雨量扮演著重要的角色，但這些因素是否有實際影響仍未可知。但很顯然地，由於南部腹地及新英格蘭的氣候條件，經常導致人工飼養繁殖受阻撓或挫敗。而在西部及中西部地區，相同的繁殖計畫卻相當成功。

杜蘭戈鼠蛇（Durango Rat Snake）

泛貝克斯鼠蛇的表親杜蘭戈鼠蛇（*Bogertophis subocularis amplinotus*）相當少見，許多愛好者認為，這是在此大陸上發現最震撼視覺的蛇之一。此物種僅能在墨西哥的杜蘭戈和新萊昂州發現，且各方面皆受墨西哥法律保護。因此到目前為止，在寵物市場中實際上是不存在的。但我仍將其資訊寫在其中，因為隨著時間經過，說不定牠就會成為更常被飼養的物種，所以當然值得一提。

杜蘭戈鼠蛇（估計）最大長度可至60英吋（1.5公尺），且從其血緣來推斷，牠可能有相當寬的頸線。這些線條與在泛貝克斯鼠蛇身上能見到的相比，也會更深一些。頭部沒有紋路，而鞍紋較緊密聚集於背部。與泛貝克斯鼠蛇身上的「H」形不同，其鞍紋是鋸齒形。沿著動物身側出現的背外側斑點，也比在泛貝克斯鼠蛇身上見到的更大，且通常

是三角形。在育種、照護、居住環境和飼養方面，都可參考泛貝克斯鼠蛇。如果在我的讀者中，有人成功人工飼養或繁殖杜蘭戈鼠蛇，我鼓勵你將你的成果提出來，因為擁有與這種獨特動物愈準確的資訊，牠們在寵物市場上的數量就會增加得愈快。

巴哈鼠蛇（Baja Rat Snake）

這是在鮑氏蛇屬鼠蛇中最後的一員，也就是巴哈鼠蛇（*Bogertophis rosaliae*），被認為是「最稀有且最不了解」的北美鼠蛇之一（Staszko & Walls, 1994）。不過說起來，牠也是最具吸引力的物種之一。幼年個體底色為純紅橄欖色、刷淡緋紅色或玫瑰色調，且帶著些白色至奶油色的零散淡斑點裝飾。這些紋路相當細，可能僅有單排鱗片寬，且在蛇達到成年期便會逐漸消失。最有吸引力的成年個體是無背部紋路的純玫瑰色蛇，而其他比較暗色的個體則會是銹褐色。腹部無紋路，呈現著柔和的粉色至胭脂色調。雖然對牠們的自然史及習性知之甚少，但就猜想而言，即便是相當大隻的巴哈鼠蛇也不會超過42 英吋（1.1 公尺）長。

巴哈鼠蛇顧名思義僅居住於下半島（Baja Peninsula）上。在此環境中，由於巴哈鼠蛇是少數可在下半島灼熱沙漠環境，和陽光炙烤的岩壁包圍下存活的大型兩棲爬行動物，因此成為了蜥蜴和小型齧齒動物的主要爬行動物捕食者。巴哈鼠蛇只有在日間的酷熱消退後才會出現，而在夏季期間，可能會直到午夜後才會離開其住所。

不適合新手

泛貝克斯鼠蛇、杜蘭戈鼠蛇、巴哈鼠蛇和綠鼠蛇，在人工飼養中都很棘手。與本書所述其他鼠蛇相比，牠們有著更佳嚴苛的需求。因此不能推薦給普通愛好者飼養。除非你確定自己可以妥善照顧牠們，否則請勿購買。

有著美好色彩的綠鼠蛇是種驚人的生物，看上去與其他北美鼠蛇截然不同。

在人工飼養中，巴哈鼠蛇需要非常溫暖的飼育箱，可參考泛貝克斯鼠蛇的部分，兩者結構相同。而飼育箱溫暖端的每日溫度須達 87°至 90°（30.6°至 32.2°C）。與其表親泛貝克斯鼠蛇相同，巴哈鼠蛇在夜間溫度大幅下降的環境中會過得很好。

此物種可能完全不會曬太陽，所以加熱的部分最好由箱底加熱墊、陶瓷加熱設備或者夜間循環燈泡來提供。不過巴哈鼠蛇需要光週期，因為牠的心理健康似乎取決於要有確切的日夜週期。每天照亮飼育箱至少長達 6 至 8 小時，且要了解，巴哈鼠蛇只會在熄燈後幾小時的時間出來活動。餵食方式及食物尺寸可參考泛貝克斯鼠蛇。正如所有鮑氏蛇屬鼠蛇一樣，此物種需要專業照護，因此完全不建議新手愛好者飼養。

Senticolis 屬

那麼到了最後，我們終於抵達山頂了。我們提到 *guttatus* 家族適合新手和年輕愛好者；*obsoletus* 家族則適合想在玉米蛇飼養基礎知識上，進一步發展的中級愛好者；鮑氏蛇屬適合老練愛好者。而說到 *Senticolis* 屬的鼠蛇，牠們肯定是所有北美鼠蛇中最難照護的蛇。如果要使其在人工飼養環境中存活下去，就必須要符合一些相當特定的條件才行，所以老實說，此物種是屬於還是留在大自然中比較好的物種之一。

原產於亞利桑那州中南部沙漠，南延至墨西哥中部及整個中美洲，此綠鼠蛇（*Senticolis triaspis*）唯一「綠」的部分只有名字而已。存在三種亞種，由牠們的地理分布範圍、顏色及紋路來進行區分。

亞種

Senticolis triaspis triaspis 分布範圍為猶加敦半島至瓜地馬拉中東部。身軀底色為灰色至黃棕黃棕褐色，帶有清楚且整齊的鞍紋（45 個或以上），通常是黑色。有背外側斑點。該紋路在幼年期會更加明顯，並在成熟後褪色。

Senticolis triaspis mutabilis 背部為純棕褐色至棕色。腹部為奶油色至麥草黃色。較年輕的個體身上有模糊的紋路沿著背中線出現。此亞種的範圍為瓜地馬拉到哥斯大黎加。

Senticolis triaspis intermedia 為該屬中唯一真正綠色的成員。底色為淺灰色、灰綠色或甚至是檸檬綠色。經常可見淺棕色至黃棕褐色的柔和鞍紋（鱗片間有淺白色斑點）。腹部為淺綠色。*S. t. intermedia* 的分布範圍從亞利桑那州南部延伸至墨西哥的恰帕斯州南部。

這三個亞種幼年蛇都有著大地色底色、清楚的矩形鞍紋及背外側斑點。頭部也有明顯的深棕色條紋，雙眼之間連著一條特別明顯的條紋。幼年紋路為年輕的蛇提供了很大幅度的保護色，其會在孵化後 18 個月內褪色。成年蛇可能長到接近 60 英吋（1.5 公尺），但就算長到這個長度，牠們的身軀還是十分纖細。

自然史

原生棲息地包括布滿岩石的開闊地、高海拔山谷（海拔 6,000 英呎〔1.8 公里〕或以上）、多樹峽谷，及其他溪流附近岩石露出地和永久水路。雖然主要在夜晚及清晨活動，但也曾觀察到綠鼠蛇在各種時間移動及進行獵捕。至於在習性上，牠們是樹棲（近似所有 *obsoletus* 和 *guttatus* 物種）或陸棲（如同鮑氏蛇屬），仍有許多相當大的推測空間。雖然調查報告各不相同，但根據考靠來源指出，不論地面或低樹木上都曾見過綠鼠蛇的身影。推測獵物包括：小型齧齒動物、築巢鳥類、蜥蜴，和一種據說是 *Hyla* 屬的樹蛙。

人工飼養的棘手挑戰

在專家們對綠鼠蛇的所有不同論點中，有一點是我們一致同意的：在人工飼養中，綠鼠蛇絕對是所有北美鼠蛇物種中，最艱難的挑戰。這些蛇非常棘手，若要使牠們茁壯成長，就必須達到規定的要求。關於這些蛇最讓人怯步的問題就是，如果進口的話，牠們通常有著嚴重的寄生

蟲問題，購買後就必須立即帶去給兩棲爬行專科獸醫進行治療。其次是，過冬的過程非常危險，很難妥善處理；如果過冬不當，這種蛇可能會死亡，但如果不過冬，牠們可能會好幾個月不吃東西（但卻保持高代謝率），並日漸衰弱。綠鼠蛇在飲食上也有特定需求（某些個體只接受特定沙漠鼠物種），可能不管多餓都會拒絕供應的食物。

綠鼠蛇在餵食、過冬及提供適當濕度上都非常困難，我在此並不會詳述牠們的人工飼養條件，因為一般愛好者絕對不該嘗試購買或飼養綠鼠蛇。任何有一定專業度的人，若要成功飼養這些美麗卻脆弱的動物之一，也應該認真閱讀並反覆閱讀專門討論綠鼠蛇的大量文件和文章。

於我自己多年的養蛇生活，讓我發現了個很明顯的現象，且幾乎會出現在所有真心投入飼養兩棲爬行動物的愛好者身上。雖然在寵物店中、商業面向的人工繁殖玉米蛇都很迷人，但到野外去探查玉米蛇也肯定非常有吸引力。所以大家可能也會很想到這些動物的自然棲息地去看牠們，這並不是件壞事。

野外狩獵是件讓人能享受其中、感到愉悅並可收穫滿滿經驗的事情。將你想拍的照片全拍下來，從你找到的那玉米蛇身上享受：野生感、野性，及牠們那全球生態系統古老成員的身分。你可以觀察牠們，但請別干涉牠們，這樣你在這些超棒蛇類的未來永續性上，可就幫上大忙了。就如同世界聞名的兩棲爬行動物學家 R. D. 巴列特（R. D. Bartlett）所說：在與牠們相遇後，「除了你的足跡與個體外……可別留下其他東西」(Bartlett 1996)。

設備

所有偉大的冒險者都需要一些專業設備，當然在玉米蛇野外

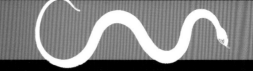

附錄：野外勘查

狩獵上也是如此。在展開冒險之旅前，你需要取得以下設備：

蛇鉤

化妝鏡

蛇靴

蛇類或兩棲爬行動物野外指南

相機

水壺與食物

　　任何成功的玉米蛇狩獵之旅都少不了蛇鉤的幫忙。蛇鉤由金屬或木桿、橡膠握把和彎曲的金屬鉤子組成，有了它，你可以安全地翻開木頭、翻開落在地上的金屬板的一角或草叢中的樹根，而不用冒著被毒蛇咬傷的危險去做以上的事情。事實上，有許多有毒物種和玉米蛇共用棲息地。因此在不知道木頭下藏著什麼的情況下，用手探入那些無光的地方可不是個好主意。再者，若你發現條爬行穿越公路的玉米蛇（當然也有可能是其他任何蛇）時，你只要使用蛇鉤，就能小心地帶牠離開馬路，並使牠進入安全的野外。

如果你在大晴天進行狩獵，就能把化妝鏡調到可以捕捉陽光的角度，並用它來照亮你看不清的地方，比如中空木頭、洞窟或其他無光的地點。而且化妝鏡也比手電筒好用很多，除了輕便且不用電池以外，它還可以將較亮的光線投射進黑暗的區域。

　　就像我前面提到的，有許多有毒物種（響尾蛇、銅頭蝮與珊瑚蛇）和玉米蛇共享環境，所以在狩獵的過程中你可能會無預警地遇到牠們。這些動物連牛仔褲、網球鞋和其他任何東西都能咬穿。所以有個很棒的做法就是，穿上專門設計用來保護免受這種有毒物種咬穿的靴子，畢竟要是踩到毒蛇可會是個嚴重錯誤。在戶外用品專賣店、戶外與運動用品店，或許多百貨公司的戶外用品區，都能買到防蛇靴與強化防蛇緊身褲（此帆布護脛內有金屬，可包覆肌膚與腳部）。

　　而寫有所在地區蛇類的野外指南也是個好工具，因為當你在野外時，可能會遇到許多有趣物種；如果手上有野外指南的話，就能讓你清楚知道自己找到的是什麼了。由於在玉米蛇的居住區中，還有其他很多有趣的爬行動物和兩棲動物棲息該地，所以你也可以準備一本，涵蓋你所在區域所有兩棲爬行動物的指南。

　　相機，絕對是進行蛇類狩獵時的必需品，因為你就是用它來「捕捉」任何你所遇到的蛇類。除了能讓你紀錄下你遇見的每種蛇類外，當你見到自然中的特殊事物時，手上有相機也會是件很棒的事情。有一次我就發現了一隻 5 英呎（1.5 公尺）長的玉米蛇，牠就掛在橡樹枝上，盤起的身軀中緊夾著一隻樏鳥。我在那邊站了 20 分鐘，一直看著蛇享用自己的餐點。那天我就因為沒帶相機而懊悔到很想揍自己！

　　最後，別忘了帶上一些食物和裝滿水的水壺，因為在野外時，時間會過得特別快，你可能比你想得還快感到口渴或飢餓。再說，你知道那種餓得快死，還要邊拍玉米蛇照片的感覺嗎？不僅會手抖，還會渾身冒冷汗，結果最後拍出來的照片就很容易模糊，模糊到連玉米蛇的美麗細節都看不清。

在哪裡可以找到牠們

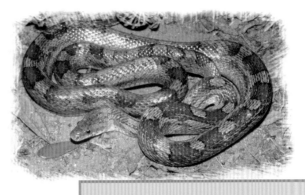

說到玉米蛇狩獵，有件好消息就是，只要是在該物種的確定遍布範圍內，幾乎到處都找得到牠們。我曾看到牠們在過馬路、在穀倉中、在地上的鐵皮屋頂下、在我前草坪裡，甚至還看過一隻很大的雌蛇，緩慢爬行穿越本地教堂停車場的樣

千萬別忘記帶相機！不管你找到蛇類或其他野生動物，你一定會想把這些記錄下來的。

子。不過在一般情況下，在大鼠、小鼠、兔子和鳴禽的所在地附近，就能找到玉米蛇的身影：森林、山谷、河岸、舊穀倉和田地邊緣等地。在盛夏日落後幾小時後，也常看到這些蛇過馬路的身影。所以請搜尋任何你覺得可以找到蛇的地方，這麼做絕對能提升你狩獵成功的機率。

法律與許可權

由於人類持續擴張領土，這些蛇類和世界上大多數野生動物就不斷受到威脅，因此就出現許多保護牠們免受非法捕捉或騷擾的環境保護法。一旦違反這些法律，就算你不知道你正在違法，也會帶來很嚴重的後果，所以謹慎的兩棲爬行動物愛好者應要研究當地法律、州法律和聯邦法律，這些法律和你研究野生玉米蛇的方式、時間和地點息息相關。

非法入侵，這是蛇類狩獵時的主要問題。在你屈身穿過水蠟樹灌林叢，查探某個老舊的荒廢穀倉時，你最好先了解自己是會遇到玉米蛇，還是已經報警的憤怒地主。在踏足私人房地產之前，請務必先從地主那取得許可權。此外，國家機構和私營公司可能也持有大量無標示的原始土地，如果你經過正當管道，他們通常都很願意給你許可權。

祝福你在探索玉米蛇、鼠蛇和其他有趣生物的旅程上，好運滿滿！

Barlett, Dick and Patricia Bartlett. 1996. *Corn Snakes and Other Rat Snakes*. New York: Barron's Publishing Co.

Behler, J. L. and F. W. King. 1979. *The Audubon Society Field Guide to North American Reptiles and Amphibians*. New York: A. A. Knopf.

Burbrink, Frank T. 2001. "Systematics of the Eastern Ratsnake Complex (*Elaphe obsoleta).*" *Herpetological Monographs*. 15: 1-53.

Burbrink, Frank T., Robin Lawson, and Joseph B. Slowinski. 2000. "Mitochondrial DNA Phylogeography of the Polytypic North American Rat Snake (*Elaphe obsoleta*): A Critique of the Subspecies Concept." *Evolution*. 54 (6): 2107-2108.

Mehrtens, John M. 1987. *Living Snakes of the World in Color*. New York: Sterling Publishing Co.

Staszko, Ray and Jerry G. Walls. 1994. Rat Snakes: A Hobbyist's Guide to *Elaphe and Kin*. Neptune City, NJ: TFH Publications.

Utiger, Urs, et al. 2002. "Molecular Systematics and Phylogeny of Old and New World Ratsnakes, Elaphe AUCT., and Related Genera (Reptilia, Squamata, Colubridae)." *Russian Journal of Herpetology* 9 (2): 105-124.

Walls, Jerry. *The Guide to Owning Rat Snakes*. Neptune City, NJ: T.F.H. Publications.

Joan Balzarini: 56, 60

R. D. Bartlett: 1, 4, 7, 8, 13, 27, 32, 34, 39, 42, 50, 57, 62, 63, 68, 76, 96, 100 (bottom), 102, 104, 109, 110, 116, 117, 119, 122, 123, 138, 141

Adam Black: 64, 65, 67, 73, 77

I. Francais: 18, 19, 23, 31, 54, 108

Paul Freed: 36, 38, 120

R. Hunziker: 111 and back cover

Erik Loza: 28, 71, 80, 82, 85, 88, 90, 91, 94, 98, 99, 100 (top)

K. Lucas: 132

B. Mansell: 113

W. P. Mara: 44

G. & C. Merker: 11, 21, 30, 74, 106, 114, 134 and front cover

Phil Purser: 58, 69, 70

Mark Smith: 118

K. H. Switak: 10, 16, 46, 47, 51, 83, 92, 112, 124, 127, 129, 135

John Tyson: 131

國家圖書館出版品預行編目資料

最佳寵物蛇玉米蛇：豹斑蛇屬的飼養與照護指南！
/ 菲利浦 ・ 玻瑟（Philip Purser）著；翁菀妤譯 . --
初版 . -- 臺中市：晨星，2020.02
面； 公分 . --（寵物館；92）

譯自：Complete herp care corn and rat snakes

ISBN 978-986-443-949-2（平裝）

1. 蛇 2. 寵物飼養

437.39　　　　　　　　　　　108019635

掃瞄 QRcode，
填寫線上回函！

寵物館 92

最佳寵物蛇玉米蛇：
豹斑蛇屬的飼養與照護指南！

作者	菲利浦・玻瑟（Philip Purser）
譯者	翁菀妤
編輯	林珮祺
美術設計	陳柔含
封面設計	言忍巾貞工作室

創辦人　陳銘民
發行所　晨星出版有限公司
　　　　407 台中市西屯區工業 30 路 1 號 1 樓
　　　　TEL：04-23595820　FAX：04-23550581
　　　　行政院新聞局局版台業字第 2500 號
法律顧問　陳思成律師
初版　西元 2020 年 2 月 15 日

總經銷　知己圖書股份有限公司
　　　　106 台北市大安區辛亥路一段 30 號 9 樓
　　　　TEL：02-23672044 / 23672047　FAX：02-23635741
　　　　407 台中市西屯區工業 30 路 1 號 1 樓
　　　　TEL：04-23595819　FAX：04-23595493
　　　　E-mail：service@morningstar.com.tw
　　　　網路書店 http://www.morningstar.com.tw
讀者服務專線　04-23595819#230
郵政劃撥　15060393（知己圖書股份有限公司）

印刷　啟呈印刷股份有限公司

定價380元
ISBN 978-986-443-949-2

Complete Herp Care Corn and Rat Snakes
Published by TFH Publications, Inc.
© 2006 TFH Publications, Inc.
All rights reserved